日日之食

家常菜的小秘密

陈宇慧·田螺姑娘 著

机械工业出版社
CHINA MACHINE PRESS

看似简单的家常菜为什么值得用一本书来写呢？因为家常菜里实在蕴含了太多你不知道的小秘密。从"大概会做"到"做得好吃"，里面隐藏着无数细节，而这些细节就是这本书想要告诉你的秘密所在。

作者从如何"养锅"、如何"焯水"讲起，在40多道菜谱里阐述了无数让新手惊呼"原来如此"的做菜秘诀。为什么煮蘑菇的时候要加一块鸡皮？如何炖出软烂多汁的牛腩？焯烫了30秒的鸡翅有什么惊人之处？这些都是经过她50多万粉丝验证过的菜谱，微信、微博收到的大量"作业"充分证明了菜谱的实操性。

我们努力工作是为了吃得更好，而不是活得更累。简单易懂还能绝对保证美味的家常菜做法，完美你的"日日之食"。

图书在版编目（CIP）数据

日日之食：家常菜的小秘密/陈宇慧·田螺姑娘 著 .--
北京：机械工业出版社，2017.3（2021.10 重印）
ISBN 978-7-111-56242-9

Ⅰ.①日… Ⅱ.①陈… Ⅲ.①家常菜肴－菜谱 Ⅳ.
① TS972.12

中国版本图书馆 CIP 数据核字（2017）第 042746 号

机械工业出版社（北京市百万庄大街 22 号 邮政编码 100037）

策划编辑：谢欣新　孟 幻　　　　责任编辑：刘春晨
责任校对：孙丽萍　　　　　　　　责任印制：孙　炜
北京联兴盛业印刷股份有限公司印刷
2021 年 10 月第 1 版·第 8 次印刷
145mm×210mm·9 印张·2 插页·191 千字
标准书号：ISBN 978-7-111-56242-9
定价：69.80 元

凡购本书，如有缺页、倒页、脱页，由本社发行部调换

电话服务　　　　　　　　　　　网络服务
客服电话：010-88361066　　　机 工 官 网：www.cmpbook.com
　　　　　010-88379833　　　机 工 官 博：weibo.com/cmp1952
　　　　　010-68326294　　　金 书 网：www.golden-book.com
封底无防伪标均为盗版　　　　机工教育服务网：www.cmpedu.com

家常菜里有多少你想不到的小秘密

这是我的第二本菜谱，主题是家常菜。

说到家常菜，在一两年前我是完全不屑于写的，那个时候我还沉浸在写烤羊排、水波蛋之类的西餐菜谱里无法自拔，因为我觉得这些菜谱才有格调。而辣椒炒肉、糖醋排骨之类的家常菜，我从小就会做了，不就那么回事儿吗？实在是没什么好写的。甚至看到有人在微信公众号后台搜索"宫保鸡丁"的时候还有些生气——你难道看不到我的菜谱都有多高级吗？别老做什么宫保鸡丁！

而改变我这一观点的契机来自我先生，他实在算不上挑食，对我做任何新菜的尝试向来也都很支持。但是一个彻彻底底的"中国胃"摆在那里，西式的煎牛排和中式的烧牛腩比起来，筷子就不受控制地更青睐后者。嘴里不说什么，牛腩一定会被消灭得更快。我时常有些怒其不争，恨不得戳他的胸口："你就不能吃得品位高一点儿？"傻的当然是我自己，说出西餐比中餐品位高这种话，现在真是想给当时的自己一巴掌。

虽然内心不情愿，但是总得有人捧场才能继续有动力下厨房。为了迁就先生的口味（也让餐桌上少剩点儿菜），我平时做饭时慢慢把中餐比例加大。不做不知道，原来那些自以为已经烂熟于心的家常菜做法，存在着这么大的提升空间！

不同品种和部位的肉分别要怎么切，同样的食材在不同的做法中要如何调味，一条鱼有多少种蒸法……越琢磨越有趣，越觉得有趣就越爱琢磨，原来我以前做的家常菜真的算不上水平有多高，实在是太骄傲自满了。

公众号的内容也慢慢地做了调整，发布了越来越多的家常菜菜谱。和以前发西餐菜谱后的反馈有一个非常明显的区别，那就是给我"交作业"的人更多了。大家都觉得家常菜取材容易，更容易接受也更容易上手，当然也就更想去学。

看到好多厨房新手慢慢做出看起来非常像模像样的菜式，有些已经会做饭的人觉得做菜"技能点"有所提升，觉得颇有成就感。甚至有很多住校的大学生把想吃的菜谱发给自己爸妈，指定寒暑假回家之后要吃这道菜，当他们把这样的家庭微信群聊天内容截图发给我时，看着都觉得好温馨。我们想要的家的感觉，不就是这样吗？家常、简单，但足够用心的菜肴。

把这本家常菜菜谱取名为《日日之食》，希望能为你呈现朴素又精致的美好。日复一日，不可或缺。

目 录

序

家常菜里有多少你想不到的小秘密

常识

002 新手看不懂菜谱的秘密："适量"调料到底是多少？

005 听说锅要"养"，要怎么养？

011 刀工不好的新手，要怎么切菜才对？

014 选对砧板，切菜事半功倍

素菜：素的也有滋有味

019 豆角炒茄子：炒出皱巴巴的豆角皮

023 酸辣藕片：藕片先煎后炒，口感大不相同

029 芹菜炒熏干：先腌一下豆腐干

035 韭菜烧豆腐：煮出蜂窝巢的豆腐就吸足了味儿

039 蚝油焖花菇：加一块鸡皮更香滑

045 煎鸡蛋：掌握火候和油温，是煎出理想鸡蛋的第一要素

053 番茄炒蛋：把蛋白打出大泡，这炒蛋就无比嫩滑

059 香椿蛋饼：加一点淀粉让蛋饼好成型

063 蒸水蛋：让水蛋平滑细腻的数字秘诀

066 隔水加热谓之"蒸"，那加热的火到底得多大呢？

069 咸蛋黄焗苦瓜：换一个切法，让苦瓜不苦

073 白灼芥蓝：让蔬菜保持青翠的"过冷河"

076 焯水到底要用凉水还是热水？

079 手撕包菜：巧用调料让素菜更鲜

荤菜：站在食物链顶端的快感

085 酸菜炒红薯粉：让红薯粉入味又不粘锅

089 麻婆豆腐：麻辣咸香酥烫嫩

095 辣椒炒肉：碗底的油汤见真章

103 粉蒸排骨：米粉香，排骨才香

111　糖醋排骨：用两种醋，分两次放

117　红烧肥肠：清洗内脏食材不可怕

125　野山椒炒牛肉：牛肉要逆纹切、温油炒

133　麻辣牛肉：慢慢炸出不干不硬的牛肉片

139　番茄牛腩：牛腩先煎再红烧

145　可乐鸡翅：先焯烫 30 秒再卤有惊喜

153　香菇木耳蒸滑鸡：蒸出嫩滑鸡块的小技巧

156　常见的干货如何泡发？

159　栗子烧鸡：鸡肉够嫩，栗子软糯

165　红烧刨盐鱼：用好多盐来腌鱼，就有"蒜瓣肉"了

173　葱烧鱼：一斤鱼配四两葱，"煸"出醇厚香气

179　焗梭子蟹：不需要加水，就让原汁鲜掉眉毛

183　麻辣小龙虾：自己炒出足料的喷香锅底

汤水：吃饱了还得喝足

191　冬瓜丸子汤：揉一颗软嫩的肉丸子

197　麻油猪血汤：先把猪血煎香

201　排骨藕汤：选一枝好藕，绵软得不行

205 萝卜炖牛腩：牛腩要整块炖才软烂多汁

211 剁椒芋头牛肉羹：选对了好芋头，这碗羹就自然软糯

217 鲫鱼豆腐汤：从油到水都够热，鱼汤会更白

主食：碳水带来的满足感是无法取代的

225 一碗白米饭：要让米饭香糯又软甜，别忽视淘米

231 酱油炒饭：来自生晒老抽和白胡椒粉的迷人香气

237 青菜肉丝粥：加一勺油，让粥底够"绵"

243 铜锅米线：煮出连汤底都够味儿的酸爽

249 干炒牛河：牛肉够嫩、河粉够味，还有"镬气"！

255 鸡丝凉面：料足才味美

259 开洋葱油拌面：熬一罐香气逼人的葱油

264 菜谱中简单的一句"沥干水"，可别小看它

267 荷叶糯米鸡：拌匀糯米要趁热

【附】人气甜品

271 杏仁豆腐：用三种杏仁，有超浓郁的杏仁味儿

常识

新手看不懂菜谱的秘密："适量"调料到底是多少？

在刚刚开始写菜谱的时候，我把所有的称量单位都统一用两个字代替——"适量"。当时并没有觉得这么写有什么不对，其他的菜谱也都这么写呀。而且我的口味偏淡，不喜欢吃得太咸，但对辣味的容忍度又比较高，大概有很多人和我的口味偏好是不一样的，那么只要主食材对了，调料的分量自己把握不就可以了吗？再说中餐从来都不是一个称量精准的菜系，5 克酱油还是 7 克酱油，不会太影响菜肴的成败。不同于烘焙类严格的材料重量或比例，中餐的灵活性也是它的魅力之一。而且如果炒菜炒到一半的时候发现忘了放盐，再急匆匆地去称上 5 克盐，明显也是不可能的事情。

结果在持续地发了一段时间标示了各种"适量"的菜谱之后，我在公众号后台收到了很多反馈，大部分都是对调料分量、油温和火候有所疑惑。甚至还有人发来留言，说照着菜谱做了某个菜，但是因为不知道该放多少盐，最后"手一抖放多了"。虽然卖相很好，味道却咸得无法入口。我才意识到，对于不熟悉一道菜的人，尤其是各位厨房新手来说，"适量"两个字着实让人无从下手。

于是我稍微改变了一下菜谱的写法，对于少数调味料需要精准称量的菜谱，会精确地写出食材的重量或比例。而对于大部分不需要太过精确的菜谱来说，我就用"瓷勺""汤匙""茶匙""一小撮"这样的称量方式。这分别代表多重呢？可以看下面这张图：

瓷勺是大部分人家里用来喝汤的中式瓷勺，一般用来称量液体。不管它是什么样式（事实上样式也不会相差太多），容量都在 10 毫升左右。烧个肉、煮个汤，放 1 瓷勺老抽或料酒，指的是需要比较多的调料来对食材做一些改善——1 瓷勺老抽才够上色、1 瓷勺料酒才能起到去腥的效果。这个称量标准不是绝对的，你完全可以根据自己的喜好来做调整——喜欢颜色重一点的，那么就多放半瓷勺老抽，也没什么问题。

汤匙和茶匙则是借用了西餐和烘焙中的称量标准，市售的量勺四件套里，最大的一枚是"汤匙"，第二大的是"茶匙"，更小的两枚分别是"1/2 茶匙"和"1/4 茶匙"。如果用汤匙、茶匙称量的是液体，容量一般分别是 15 毫升和 5 毫升。而如果称量的是粉末状的调料，比如盐、糖、鸡精，容量一般分别是 7 克和 3 克。

一小撮就更好理解了，其实就是"一点点"的意思。在汤水出锅之后加一小撮白胡椒，在炒菜的时候加一小撮白糖，起到的都是提味的作用，能够明显地让菜肴滋味更美，又不至于掩盖掉菜肴的本味。甚至在很多情况下，加入的这一小撮调料是根本吃不出来的，可是会让整道菜风味更佳。

这些称量标准仍然是不精确的，就像序中所说，中餐也确实不需要一个特别精确的分量。但是我发现，这样写菜谱之后，基本上很少有人有分量上的疑惑了。因为有了参照物，大概能够了解需要的调料范围是多少。更重要的是，能够理解一道菜中调味的主次，对于这道菜的风味也有了更直观的想象。

在这本书里，我仍然使用"瓷勺""汤匙""茶匙""一小撮"这样的称量标准。在了解菜式的做法和调料比例之后，就完全可以根据自己的口味进行调整啦！

听说锅要"养"，要怎么养？

在还是一个厨房菜鸟的时候，偶尔听到长辈们讨论厨房诀窍，总觉得什么都听起来像玄学。比如他们经常提到的两个字叫"养锅"，我当时很疑惑，锅不就是一个铁的东西吗，要怎么养？

待我自己开始下厨了，有时候会上各种烹饪论坛，又在好多帖子里看到熟悉的两个字——养锅！每隔十天半个月就会有厨房新手问一个同样的问题："为什么我的锅不管炒什么菜都粘锅？是不是得买个不粘锅或者买个某某品牌的高级炒锅才行？"这个时候一定会有一个经验丰富的论坛达人回复："因为你的锅没有养好啊。"听起来好像养好了锅之后就拥有了一枚神器！

"养锅"两个字说起来简单，真要做起来，潜意识里又觉得好像很麻烦。我想先给你看这么两个图片：

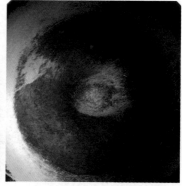

同样是超市买的、售价100元人民币以内的普通生铁炒锅，左边的是养得比较好的锅，右边的是没有养好的锅。可以很明显地看出来，养得好的锅颜色更加黑亮，并且自带一层光滑的油膜。而没有养好的锅，看起来好像更"干净"一些，可是会明显觉得质地比较"涩"。

自带油膜的锅，煎炒菜肴当然不容易粘。但问题就是，怎样把炒锅养出完美的油膜呢？

长辈们以前教导我的办法是，如果买了一口新铁锅，要把它空烧一个小时，然后熬一次猪油。我总觉得这个办法有点儿太费劲，而且如果一不小心又弄没了锅底的油膜的话，那我又得熬猪油吗？感觉猪油要吃不完啦！

我养锅的办法很简单，买来一只新锅后先空烧一会儿，把炒锅出厂时涂上的防锈油脂挥发掉。然后清洗干净，倒入2~3瓷勺的色拉油，用中火烧热。手持锅柄多晃动几次，让锅内都均匀地沾到油。如果觉得有些死角不好照顾到，可以用硅胶刷子刷上一点儿油。中火烧一分钟左右关火，不要洗锅，放在那儿不用管它，需要做菜的时候直接使用就好。在前几次做菜的时候尽量做一些需要比较多油分的菜式，让油能够慢慢浸养炒锅，反复几次就能出现油膜了。

而要保持锅里的油膜需要注意两点：别用钢丝球或大量洗洁精使劲儿地刷锅，尤其不能用钢丝球，平时用丝瓜络（丝瓜筋）或者柔软的海绵轻轻擦洗就可以了。也不要用炒锅来煮水、煮汤，这样最容易把锅底的油膜给带走。

对，就是这么简单，不需要多么繁琐的养锅步骤，在简单地"开锅"之后，平时保持这样的烹饪和清洁习惯就可以了。

除了炒锅之外，其他的锅要不要养？其实也是要的。养锅说得宽泛一点，无非就是针对不同材质的厨具进行保养。比较常见的厨具还有：

不粘锅

除了炒锅之外，不粘锅也是养锅的一个重点关照对象。最容易碰到的问题莫过于不粘锅的涂层没了。

要避免不粘锅的涂层被损坏，平时使用的时候就得注意：不能空烧，不能使用铁制锅铲，不能用钢丝球来清洗。

分量少的食材就不要用尺寸太大的锅来烹饪——空烧最容易把锅烧坏。如果锅里没有任何东西却放在燃着火的灶头上（别以为你永远不会这么做，其实很容易忘记灶头上开着火），基本上几分钟就会把锅的涂层给烧坏了，需要特别小心。而一旦不粘锅的涂层被损坏，那就扔掉吧，它已经失去价值了。用铁制锅铲和钢丝球的坏处不需我多说，会直接损伤不粘涂层。

铸铁锅

铸铁锅是这几年非常时髦的一类锅具，而且因为很多品牌的铸铁锅比较贵，所以经常也被用得很小心，各种如何保养铸铁锅的帖子比比皆是。我倒是觉得它没有那么娇贵，生铁炒锅和铸铁锅养起来区别并不大，用养普通铁锅的方法来养它就行了。

但是很多款式的铸铁锅会经常被用来煲汤或者烧水，肯定比生铁锅更难保持那一层油膜。如果感觉铸铁锅的锅底容易生锈（非珐琅铸铁锅很容易碰到这个问题），那么在每次使用完铸铁锅之后，烧干锅内多余的水分，再稍稍抹上一层油来保养就可以了。注意在烧干锅内的水分之后，一定别忘记关掉灶头上的火，我就这么愚蠢地烧坏过一只锅。

铜锅

铜锅的使用方法和其他金属锅差不多，但是使用了一定时间的铜锅非常容易被氧化，在锅子表面会留下一些痕迹。需要购买专用的擦铜膏来清理，普通的清洁剂无法代替。

砂锅和土锅

砂锅和土锅无论从质地还是使用方法上来说都有些相似，所以放到一起来说吧。

砂锅大家都很熟悉，很多人家里都会有一只，煲个汤、炖个肉，比起不锈钢锅它的保温性能当然好多了。但是砂锅也有最麻烦的问题，就是容易裂，有时正在煲着汤、煮着粥就裂在了灶台上。消耗率太高是一方面，另一方面也不太安全。

砂锅使用频次最高的地区大概是广东，如果你仔细观察粤菜馆或者茶餐厅里的煲仔饭，会发现很多餐厅的砂锅会用铁丝"箍住"，这确实能比较好地防止砂锅裂开。

但是这个方法在家不方便使用，那么我们还是"养一养"锅吧。在刚刚买到新砂锅的时候，倒入淘米水煮上 15 分钟，或者干脆煲上一锅粥。米汤可以渗透到砂锅的缝隙里，把缝隙填满。平时用砂锅的时候注意不要骤冷骤热，不要干烧，这样使用时间能延长很多。

土锅是一种比较新的锅具，日本制造的比较多，我自己也有一只。

比起砂锅，大部分土锅的锅体"气孔"

更大，所以用淘米水或者煲粥来养锅的步骤更不能少。平时清洗完锅之后，最好把土锅倒立放置，尽量让锅里的水沥干，直接在火上把水分烧干也可以，否则容易发霉。

好好保养你的锅，做起饭来一定事半功倍。

刀工不好的新手，要怎么切菜才对？

最常听到厨房新手抱怨不想做饭的一个原因是：做饭要花俩小时，吃饭也就十分钟，最后还得花半个小时来收拾，实在是累。这做饭花的两个小时，估计得有一多半花在切菜上。切菜慢费时间，切出来的食材还大小不一，完全没有美感，这应该是厨房新手最痛苦的地方。

做菜的时候，有些食材大可不必全准备好再下锅。比如做一个土豆烧牛腩，大部分时候牛腩得先焖煮一段时间。那么趁着牛腩在锅里的时候再处理土豆，就能把做饭的两个小时缩短不少了，这是时间管理的一个小技巧。但厨房新手更应该明确掌握的是，每种食材到底应该怎么切？

用一根胡萝卜来举例，图片上依次是"片""滚刀块""丁"和"丝"。

"滚刀块"形状的胡萝卜体积大，适合久煮，一般用在炖煮的菜式里，比如土豆胡萝卜烧牛腩。那可能很多人会有疑问，切成普通的方块不也一样吗？为什么要切成滚刀块？因为滚刀块比方块横截面更大，更好受热和入味。同一锅菜里的土豆和胡萝卜都切成差不多大小的滚刀块，再搭配方形的牛腩块儿，看起来就舒服了。

切薄片、切丝、切丁的胡萝卜都适合炒，但胡萝卜本身质地偏硬，能明显感觉到食材的大小和加热时间的长短会让胡萝卜的口感截然不同。胡萝卜丝用短时间的炒制就能变软；胡萝卜丁用在宫保鸡丁之类的菜式里，大部分时候会保持偏脆的口感；而胡萝卜片呢，我自己喜欢在炒完之后略加一点点水煮几分钟，就能吃到口感更软烂的胡萝卜。

同样是蔬菜，辣椒的切法又和胡萝卜有所不同，图片上依次是"片""丝"和"辣椒圈"。

在书里的"辣椒炒肉"菜谱里，我把辣椒切成丝，和肉丝的形状保持一致。一碗菜如果有多种食材，那么尽可能保持它们的形态一致，有利于受热均匀，好把握火候，而且上桌也好看。尤其是小炒类的菜式，这一点很重要。

辣椒有时候也经常作为配菜出现，一碗菜里点缀一些辣椒，颜色好看，也能提一提辣味。这种时候我就经常把辣椒切片或切圈——

当然也是根据其他食材的形状来决定的。

不同的切法耗费时间不同，辣椒切片需要先把辣椒对半剖开、去籽、再切片，对于新手来说操作没那么容易。那就大可选择用辣椒圈来配菜，整根的辣椒洗净之后切去蒂部，再切成均匀的圈状，可以省不少时间。我始终认为，对于厨房新手来说，保持下厨的兴趣是最重要的。

此外，还得根据食材的形状来考虑火候，拿最常见的配菜大蒜来举例，图片上依次是拍碎之后切了一刀的蒜瓣、蒜片和蒜末。

大蒜很容易炒糊，当一道菜里使用的是蒜末，那就务必要注意油温不能太高，否则一下锅分分钟就糊掉。蒜瓣和蒜片相对好一些，但也不算是耐高温的食材。

怎样切菜说起来也是一门学问，但它绝不复杂。书里的每一道菜谱都说明了用到的食材应当如何处理，烹饪的时候应该用什么火力。慢慢地做下来，自然就能融会贯通啦！

选对砧板，切菜事半功倍

切菜除了刀，还需要选一块好砧板，被无数人忽视的砧板。

从小到大，在家里厨房经常能见到两种砧板——容易发霉的竹砧板和开了一道大而深的裂缝的铁木砧板。发霉的砧板毫无挽救办法，只能对霉点视而不见。开裂的砧板在切菜的时候要小心地避开裂缝，避免食材掉落，使用起来当然很难受。但长辈们节俭，而且认为这两种砧板，尤其是铁木砧板是最结实好用的。反正换一块新的迟早也会变成这样，那就继续用着呗。于是我在独立生活之后，也用了好多年竹砧板和铁木砧板，固有印象害死人。

竹砧板和铁木砧板都不算好用，且不说发霉和开裂的问题，最讨厌的是这两种砧板的硬度都太高了，在菜刀接触到砧板并回弹的过程中手感非常不舒适，直接影响到切菜的力度和频次。而且硬度太高的砧板容易伤刀，再好用的菜刀碰上这样的砧板，也很容易磨损。

还有一种常见的老式砧板是椴木的，你在很多菜市场都能见到，摊贩们在厚如树桩的椴木砧板上剁肉，砧板中间几乎都凹进了一个大洞。显而易见，这种砧板的问题是质地太软。砧板的材质本身就容易磨损，那磨损掉的木屑当然是混入食物里了，多少有些不卫生。

我在 2015 年的时候抛弃了一直使用的竹砧板，买了一块时髦的进口塑料砧板。

看中的是四块砧板分工明确，清晰标注了蔬菜、海鲜、熟食和肉类，大大改善了家人不习惯生熟分开使用砧板的坏习惯。

进口塑料的材质是现在的流行趋势，质地轻巧、抗菌、不开裂、不发霉、不伤刀，好处多多。要说缺点呢也是有，尺寸还是稍微有点小，对于喜欢在一块砧板上把一个菜的所有配料都处理完的人来说，可能会觉得有点打乱厨房流程。而且非常容易有刀痕，切割颜色比较重的食材后，砧板也容易染色，在使用一段时间之后就不太美观了。

2016年又换了一块"特殊合成材质砧板"，这类砧板现在市面上比较好买到的多是日本品牌。

硬度适中，切菜舒服，也不容易损伤刀刃。除了本身是抗菌材质之外，还不吸水、干得快，也不容易发霉或滋生细菌。尺寸也比较合理，长如大葱、宽如冬瓜的食材都方便处理。是目前我觉得非常适合家用的砧板，也推荐给你。

素菜

素的也有滋有味

豆角炒茄子：炒出皱巴巴的豆角皮

豆角和茄子都是家常菜里容易让人头疼的食材，豆角类的豇豆和四季豆都不容易炒熟，茄子很容易吸油。本来就不太好把握火候，当它们和其他食材一起出现的时候，新手更容易觉得无所适从。

对于豆角和茄子，大部分餐馆的处理方式是"过油"。旺火热油炸一下，食材就已经熟了一半，但这个处理办法不太适合家庭厨房。

那么，在家烹饪要怎么做呢？有些人为了保证豆角能熟透，习惯在炒之前先把豆角"焯水"。这样当然能够避免豆角难炒熟的问题，不过以我自己的口味偏好来看，焯过水的豆角咬起来总有一种"嘎吱嘎吱"的口感，水分太多，不讨人喜欢。我喜欢用另外一种更"体力活儿"的方式，一直用中火慢炒豆角，这样炒出来的豆角会有皱巴巴的表皮，口感就好多啦。

原料：

1. 长茄子 2 根，约 350 克，切成小拇指粗细、食指长短的粗条
2. 豇豆 1 把，约 300 克，摘净头尾，切成约小拇指长短的段
3. 老姜 2 片，蒜瓣 2 瓣切薄片，小米椒 3 根切丝
4. 老抽 1 汤匙，蚝油 1 汤匙，盐 1 茶匙

步骤:

① **处理茄子**

在这个菜里选用的是长茄子而不是圆茄子,这是因为长茄子的纤维比圆茄子来得更细,口感会更柔软,也能烹饪得更软烂。在所有和茄子有关的菜式里,第一步大概都需要把茄子处理到软烂。

茄子先切厚片再切粗条入沸水蒸锅,用中小火蒸上 15 分钟左右到茄子完全变软就可以了。如果家里有微波炉的话,也可以用微波炉"叮"上几分钟,更方便。

刚切好的茄子和蒸软的茄子,质地和体积的对比是这样的:

② **炒豆角**

是的,不放任何配料或调料,先炒豆角。就像前面说到的,我们需要慢慢地把豆角炒出"皱巴巴的皮"。做起来很简单,在炒锅里倒入大约 2 瓷勺的色拉油,用中火慢慢炒就行了。不需要特别勤快地翻动,稍微让豆角的单面接触锅底热源久一点,会更容易达到我们想要的效果。这一步唯一需要的就是耐心,慢慢炒四五分钟,到所有的豆角都变成这样的状态才行:

这时就可以把豆角盛出来备用了。

③ 炒菜

无需洗锅，视锅底的油量多少，可以再加入 1 瓷勺的油，倒入姜片、蒜片和小米椒，用中火炒香。

倒入已经蒸软或"叮"软的茄子，炒干茄子的水汽之后，再加入已经炒熟的豇豆。炒干水汽很重要，大部分小炒都不需要"湿哒哒"的口感，蒸熟出水的茄子、泡发的笋干或咸菜，都要注意"炒干水汽"，这样味道会更好。

最后，加盐、老抽和蚝油炒匀调味就好了，这是一道很下饭的家常素菜。

看起来是不是很简单？但是我提到了好几个处理食材的细节：蒸软茄子、把豆角炒皱、炒干茄子的水汽。就是这些看似不重要的细节，会让这道菜的风味提升很多。慢慢看下去之后，你会发现这本书里满满都是各式各样的"细节"，它们就是我想告诉你的——家常菜的小秘密。

酸辣藕片：藕片先煎后炒，口感大不相同

作为两湖地区长大的人，藕上市就意味着可以从凉拌藕片、糖醋藕片、酸辣藕片藕丁藕丝一直吃到湖藕炖排骨。虽然用来凉拌、炒制和用来炖汤的藕不太一样，但总之就是很期待。夏末初秋从酸辣藕片吃起，秋冬的时候再翻到汤水目录，喝一个莲藕排骨汤，就这么愉快地决定了。

原料：

1. 鲜藕约 400 克，差不多够两人份

2. 干辣椒碎少许，依个人口味决定

3. 蒜瓣 4 瓣，拍碎切成蒜末

4. 盐半茶匙，白砂糖半茶匙（如果不希望有任何甜味，可以减为一小撮提提味儿），生抽半瓷勺，香醋半瓷勺，米酒 1 瓷勺（没有的话可以换成清水）

5. 小葱 3~4 根，切成大约 3~4 厘米长的葱段

6. 白芝麻 1 汤匙

步骤：

① **切藕片**

藕片不要切得太薄，免得容易炒焦。我喜欢把藕削皮之后切成 2 毫米左右的厚度，这样在炒完之后藕片还能保留一些脆度和口感，火候也比较好控制，不容易焦。

藕切完之后务必要放到清水里面浸泡，一是因为藕片很容易氧化变黑，不好看。类似容易氧化的食材还有土豆、丝瓜之类的，也可以在切完之后泡在清水里面。另一个原因是藕片里面含的淀粉比较多，直接入锅炒容易粘锅，口感也不好，在清水里泡掉多余的淀粉会更好吃。藕片刚刚放到水里的时候，水是浑浊的，要多换几次水直到水变得完全清澈，这样炒出来的藕片会更脆口。土豆丝也可以用类似的办法处理，炒出来的土豆丝口感更脆，也不容易粘锅。

② **煎藕片**

采用半煎炸的方式，把藕片先做预处理。藕片沥干水，再用厨房纸巾尽量吸干水分。炒锅里放大概 3 瓷勺的油，中火烧到油温比较热之后，把一半的藕片放进去半煎半炸。中火煎炸大概 3

分钟之后，藕片的表面变得有点金黄，而且会炸出一点细密的气孔。

　　煎炸后的藕片我会放到厨房纸巾上吸一吸多余的油分。

　　这个距离看藕片的颜色和气孔，会更明显。为什么要先半煎炸一下藕片而不直接炒呢？为的就是这些小气孔！带有小气孔的藕片口感更疏松，非常好吃。

　　另外，藕其实不太吸油，不需要放太多油来煎炸。3~4瓷勺的油，已经足够分两次处理好所有的藕片。最后锅底还会剩下一些多余的油，可以倒掉。

③ 炒藕片

　　刚刚煎炸过藕片的锅，如果没有粘锅的话甚至不需要清洗，直接倒掉多

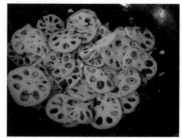

余的油，在锅底留一层薄薄的底油，把干辣椒碎和蒜末放进去炒香。因为油量比较少，一定要保持小火，多翻动香料，免得糊锅。

半煎炸过的藕片本身已经有一些油分，不需要再放油，直接入锅翻炒。

加入盐、糖、醋、生抽、米酒所有调料，中小火翻炒均匀，最后加入葱段和白芝麻，又好看又提香。

味道酸酸辣辣的很好吃，比起直接清炒的藕片，这个做法的口感完全不同，咬下去清脆之余带点儿疏松感。再加上调味料少量多样，味道也着实丰富。

万能吃货们的评论:

简直改变了我对糖醋藕的看法! 以前的糖醋藕片都白吃了, 这个做法油不多, 还那么好吃, 一盘分分钟被扫光。

@芹菜饺子和香菇饺子

连我这个平时不怎么爱吃藕的人都喜欢!

@诗人会做饭

田螺姑娘的酸辣藕太赞了, 完全按照方子来, 烹饪过程已经香气四溢了, 平日里不太爱吃莲藕的孩子这次几乎吃了一半, 这道小菜太适合这个莲藕季节了。

@冲丫宝宝

芹菜炒熏干：先腌一下豆腐干

是不是会有人有这样的感觉，炒豆腐干的时候，盐放多了配菜太咸，盐放少了豆腐干就没味儿？

豆腐干本身没什么味道，在炒的时候很难入味。炒豆腐干的小窍门在于，要用自带咸味的调料来腌制一下。我喜欢用生抽或者蒸鱼豉油，除了能让豆腐干入味之外，还能略微提提鲜。在炒之前，把豆腐干稍微煎香一下，也有很不错的提香效果。

原料：

1. 熏干 1 块，切薄片
2. 腌制熏干用的生抽或蒸鱼豉油 1 汤匙
3. 香芹 1 把，300~400 克，去掉大部分的叶子，主要取茎部，切成大约大拇指长短的段
4. 小米椒 2 根切丝，蒜瓣 2 瓣切片
5. 盐约 1 茶匙，蚝油 1 汤匙

北京市面上的芹菜大概有三种:香芹、水芹菜（养殖的其实也不怎么香）、西芹。西芹更甜更脆，水分比较多，我一般用来凉拌，炒菜的时候会用味道更浓郁的香芹。如果在南方，我会买野生水芹菜，味道超级足。春天的水芹菜刚刚上市，也是最好吃的时候。

步骤:

① 切熏干

把熏干切成薄片，加入生抽或蒸鱼豉油腌制一会儿。切熏干的时候，把比较嫩的一面朝上，用比较薄、比较快的刀子来切，就能获得更完整的薄片。而如果将熏过的略硬的一面朝上，切的时候容易因为挤压而让熏干的形状没那么完整。

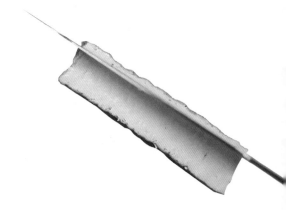

② 处理芹菜

香芹从根部大约 1 厘米的位置稍微往下掰断一下，顺势撕去根部的一些老筋，这样能让它的口感更嫩。然后再切成段。

③ 煎熏干

锅里倒入大约 2 瓷勺的油烧热，用中火把腌过的熏干煎到两面都有点焦焦的状态，煎好的熏干盛出备用。别小看煎熏干的步骤，豆制品大多本身是没什么味道的，都靠火候和调味来处理，煎过之后熏干会香很多！

④ 炒熏干

豆制品容易粘锅，把炒锅洗净之后重新放 2 瓷勺油。烧热，用中火炒香辣椒和蒜片，注意火不要太大避免蒜片糊掉。然后转成大火，把香芹段翻炒一下之后倒入煎过的熏干，加盐和蚝油之后迅速翻炒均匀就可以了。

芹菜是很容易熟的，熏干本身也是熟的，所以这个过程会很快。盐可以稍微早一点加，方便入味。最后大火翻炒后出锅就好啦！

腌过的熏干足够入味，煎炒得略焦又让它香气逼人，这就是一道看似无比简单的家常菜的风味保障。

万能吃货们的评论:

芹菜炒熏干实在是太好吃了，明明是素菜吃起来却有一种荤菜的幸福感。

@橙胖胖

炒了两次，一次腌了直接炒，一次照着你的方法煎了再炒。为什么煎过以后炒要香得多啊！

@ONI

按照方子今天晚上做了一道芹菜香干，连一直在各种饭店吃饭，口味不是一般挑的公公都赞不绝口说吃！哈哈！

@橙

韭菜烧豆腐：煮出蜂窝巢的豆腐就吸足了味儿

比起小炒类的各种豆腐干，用来炖煮或红烧的软质豆腐，在入味上的难度简直低太多了，似乎煮一煮就能够入味。我不得不说，这是一个假象。大部分用来炖煮或红烧的豆腐块头都不会太小，起码也是切成 2 厘米见方的小块儿。要让豆腐的内部也足够入味，必须久煮才行，所谓"千滚豆腐万滚鱼"，就是这个道理。而且最好先把汤底调够味道并煮沸，再把豆腐入锅，这样汤底的味道才能更好地进入豆腐里。

原料：

1. 石膏豆腐约 500 克

2. 韭菜约 75 克，洗净后切成 3 厘米长短的段

3. 小米辣 2 根，蒜瓣 2 瓣，都切成碎末

4. 老抽约 2 汤匙

5. 盐半汤匙

6. 鸡高汤或猪骨高汤 1 碗

步骤：

① 切豆腐

　　把豆腐切成长 10 厘米、宽 3 厘米左右的厚块儿备用。

② 烧豆腐

　　炒锅里放入约 2 瓷勺的油，烧热后用小火爆香蒜末和小米椒末。倒入高汤，加入盐和老抽给高汤调味。在高汤煮沸后再倒入豆腐块，高汤的分量需要没过豆腐。这样在整个焖煮的过程中，豆腐就能充分吸收汤汁的味道。高汤的调味要稍微淡一点，避免因为水分蒸发而让菜太咸。

　　中小火焖煮到汤汁剩下一半左右，豆腐已经被煮成有点"蜂窝巢"的效果，吸足了汤汁。撒上韭菜作为提味，再煮半分钟就可以了。

好吃的烧豆腐也可以演变成多个版本，把豆腐先煎再烧，能让豆腐的口感层次更丰富；加一根棒骨一起炖煮，是好吃的"筒子骨炖豆腐"；把炖汤用的棒骨肉拆下来炖煮，又变成"拆骨肉炖豆腐"。甚至把豆腐换成猪血，就是经典的"韭菜炒猪血"，但是猪血炖煮的时间就不宜过长，煮2分钟左右就可以了，保留一些猪血的脆度会更好吃。千变万化的家常菜，让下厨这件事一点也不单调。

蚝油焖花菇：加一块鸡皮更香滑

　　蘑菇、豆腐、笋，都是又鲜美又好吃又做法多多的食材呐。味道鲜美又清淡，还可以跟好多食材搭配，感觉脸上就写着"争气"两个字。

　　蘑菇类的食材我尤其喜欢，因为干蘑菇可以很方便地在家里储存，随时拿出来变花样或者应急。不过可能因为蘑菇实在是味道太鲜又太好搭配，平时总是把蘑菇和其他食材配在一起，很少单独吃。某次突发奇想琢磨了一下，拿了几只非常肥厚的花菇单独做了一个菜，效果出奇地好！花菇肉质肥厚又足够鲜美，咬起来口感也是极佳，比肉还好吃！

原料：

1. 干的大个头花菇约 12~15 个

2. 鸡皮 1 块洗净，最好有，是这道菜的亮点，在菜市场禽肉类摊位都有卖，或者直接从鸡肉上撕下一块儿

3. 老姜几片，葱 2 根打成葱结，红葱头 1 颗（不好找的话可以省略），香叶 2 片

4. 盐约 1 汤匙，根据自己口味调整

5. 白砂糖约 1 茶匙

6. 淀粉"1 汤匙 +1 汤匙"，1 汤匙用来清洗花菇，1 汤匙用来给汤汁勾芡

7. 蚝油 1 瓷勺

8. 如果有鸡汤的话最好准备 1 杯，是加分项

关于花菇：花菇和香菇是同源的，可以理解为花菇是冬天的香菇。花菇长在冬天，表面会因为气候干燥而爆裂，有好看的纹路。因为生长的季节寒冷又干燥，所以肉质特别肥厚，鲜味也更浓郁。

那为什么这个菜要选用花菇呢，香菇可不可以？可以，其实做法都类似，基本上大部分菜里用到花菇的地方也可以用香菇来代替。但是这个回答也可以是否定的，因为香菇和花菇的口感实在是差太多了，品质再好的香菇也无法达到花菇那样肥厚的肉质，所以还是推荐用花菇。挑选的时候注意，肉质越厚越好，菌柄越短越好。

步骤：

① 泡花菇和洗花菇

花菇起码提前四个小时用清水泡上，泡到没有干硬的部分后把泡好的花菇盛出来，泡花菇的水一定注意留着备用。泡好的花菇加上1汤匙淀粉，再加新的清水，顺着一个方向稍微搅动一下，这是为了洗掉菌褶里可能有的泥沙。

现在市面上的花菇都不是很脏，随便搅动几次就差不多了，也不需要太用力。然后把花菇放到清水下冲洗，把淀粉冲洗干净。

② 焖花菇

锅里倒大约 1 瓷勺的油，中火把姜片和葱段稍微翻炒出香味，放入洗干净的花菇和鸡皮，倒入半杯鸡汤、半杯泡蘑菇的水，一起焖煮。总的水量大约刚好没过花菇，多一点少一点也不太要紧。

小火焖煮大约半个小时，如果是普通锅子的话，小心注意不要让水煮干。焖到 20 分钟的时候，加入蚝油、糖和盐调味。因为每个人用的花菇分量和水量不同，盐的分量要自己多尝尝来调整。

而用到了鸡皮确实有一点神奇，虽说干制的菌类很鲜美，但是鲜美之余又好像差了一口气。平时并不会觉得，因为各种干蘑菇经常和肉一起出现，肉里的油脂给予了干蘑菇充分的润滑。但是只做蘑菇的话就会有点儿为难，虽然品质够好的花菇已经很好吃了，可是，就是差了一口气。

所以放 1 块鸡皮一起煮，因为鸡皮里面有油分，而且这个油分又不会太多，就那么一点点，润滑花菇足够了。煮完后还可以很方便地拎出来，是个很好用的小技巧。

③ 勾芡

花菇焖煮好之后盛出来备用，将淀粉 1：1 加水兑成芡汁。舀 1 勺焖花菇的汤汁到炒锅里，和芡汁一起煮开到合适的浓度，不需要特别稠。

勾芡好的汤汁淋到焖好的花菇上，菜就做好了。让花菇的表面再薄薄地挂一层汁，味道更足，也更光亮好看。一口咬下去，着实比吃肉还过瘾。

万能吃货们的评论:

这个菜我爸一直都在做，不用花菇用香菇，老人家对油又很忠实，过年过节煮鸡的时候挑出鸡油来煮。

@ 嫒

家里老妈的保留菜，电饭锅焖鸡肉、猪脚，我最爱的不是里面的肉菜，而是香菇，吸饱了满满肉汁的香菇最好吃。

@ vivian_pv

煎鸡蛋:

掌握火候和油温，是煎出理想鸡蛋的第一要素

因为有在微博上贴早餐的习惯，有时候拍一张煎鸡蛋的照片，经常会被问到"鸡蛋怎么煎得这么好看？""为什么我煎鸡蛋总是容易糊？"连公众号后台也会看到大把搜索"太阳蛋""煎蛋""单面煎蛋"之类的关键词。试着问了几位读者，感觉虽然看起来是一枚简单的煎鸡蛋，确实也有好多大家不熟悉的小技巧。

如果使用不粘锅，我会在约 24 厘米的锅里（这是锅底尺寸，实际锅口直径为 28 厘米），用 1 瓷勺的橄榄油，煎 2 个鸡蛋。

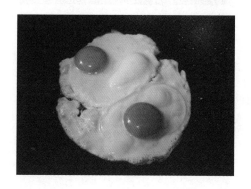

步骤:

因为我很喜欢一面煎得比较焦的鸡蛋，所以一般会这样做:

① 在油温烧得非常热，微微开始冒烟的时候，磕入鸡蛋

② 开中小火，把鸡蛋的一面煎到有一点焦黄起泡，让鸡蛋可以轻易地在锅子里晃动

③ 然后用木铲翻面，再煎另外一面

所谓的焦黄起泡，是指的鸡蛋边缘变成这样:

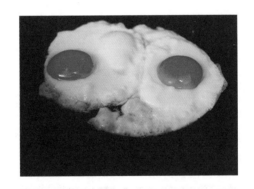

这 3 步说起来很简单，其实要注意的点也很多:

① 用来煎鸡蛋的油量是 1 瓷勺橄榄油煎 2 个鸡蛋，油多了怕腻、油少了又容易糊锅，这是我试下来之后比较喜欢的用量

② 如果煎鸡蛋的个数更多，我会分几次在煎锅里进行，每次再加一些新油。在 24~28 厘米的煎锅里，最多一次煎 3 枚鸡蛋

③ 如果使用生铁炒锅来做（并不是不可以，一样可以成功地煎蛋不破），我会把油量稍微加大 1.5 倍，也就是 1 勺半的油来煎两枚鸡蛋。并且晃动锅

子让锅底都尽量沾满油，只要锅养得好，油烧得足够热，就不容易粘锅

④ 油温也很重要，在油已经烧得微微冒烟的时候，打入鸡蛋能够让蛋白迅速褐变，得到一个焦脆的底壳——蛋白来不及粘锅，就已经很好地成型了。当然了，如果你喜欢的是从里到外都很嫩的鸡蛋，那就不适用于这条，而是应该用温油慢慢煎

⑤ 全程要用中小火来煎，否则锅底温度太高，鸡蛋容易糊掉

⑥ 煎蛋我一定会用木质锅铲翻面，不锈钢锅铲容易让蛋黄破掉

基本上在掌握这些技巧之后，就能够随意地煎出单面煎蛋和双面煎蛋了。如果不去戳破蛋黄，也可以保持蛋白全熟，又能让蛋黄流出迷人的蛋液。

我还喜欢另一种做法，在吃偏西式早餐的时候比较常用。大部分步骤和上面说的煎鸡蛋相同，只是在鸡蛋底部已经有点焦黄起泡之后，不去翻动它，而是加入约 1 茶匙的清水，然后盖上锅盖，中小火焖大概 2 分钟。

底部的蛋白焦脆，中间的蛋黄半生还能流动，最上面的蛋白是柔嫩的。简单的一枚煎蛋，有 3 种口感，非常好吃。

对于鸡蛋的调味，其实也能有很多花样。各种单面煎蛋或半熟煎蛋，我

一般会在出锅之后简单地撒点儿现磨黑胡椒和海盐；双面全熟的中式煎蛋，我就喜欢滴上几滴很好的生抽，这都是基本的调味方式。

在煎鸡蛋的油里弄一些花样，还可以做出一些自带异香的煎鸡蛋，比如用葱油、蒜油、红葱头油，等等。不同香味，但是同样都喷香扑鼻的油，让煎鸡蛋闻起来好不一样，这是一些巧妙的小心思。

不过用这种做法的时候我会再稍微多加一点油，比如用1勺半瓷勺的油来煎两枚鸡蛋。因为不管是大蒜还是红葱头，也是要吸油的。一定不要等大蒜都焦了之后再放鸡蛋，不然再继续加热的时候容易产生糊味儿，鸡蛋的口感也会受影响。

① **蒜辣煎蛋：**

剥两颗蒜拍碎，放到锅里炒出香味之后再磕入鸡蛋，加点儿辣椒面也是可以的

② **红葱头煎蛋:**

切碎 1 颗新鲜红葱头, 其他的步骤和蒜辣煎蛋一样

③ **使用西式香草的迷迭香风味煎鸡蛋**

④ 鼠尾草风味煎鸡蛋

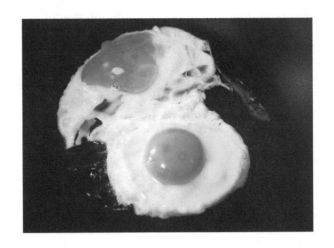

　　至于在吐司上挖个洞，或者用一些模具来煎蛋，我觉得基本都没什么难度。只要把基本的火候掌握好，其他都只是工具。而煎鸡蛋这件事，其实真的不要小瞧它，就好像在这本书里你会看到各种看似用不用都不要紧的小技巧，但当你真的去试着把所有的小技巧用起来，做出来的菜真的很不一样。

万能吃货们的评论:

一个阿姨教我，煎蛋熟了之后在起锅前喷点醋，锅内瞬间啪啦啪啦的，听起来很怪异的做法，但尝试后真的超好吃！香喷喷！

@杨小羊

我喜欢嫩的太阳蛋，讨厌有水泡或者焦边的蛋，所以我都是先大火烧热锅，锅底刷一层油（比鸡蛋面积大些），然后马上打蛋进去，等底层蛋白凝固后就关火加盖，等3分钟以上出锅

@ポプラと三日月

我也是用普通铁锅煎蛋，温锅凉油下鸡蛋加锅盖闷上，然后超小火，最后会有太阳蛋的质感。

@John

番茄炒蛋：
把蛋白打出大泡，这炒蛋就无比嫩滑

番茄炒蛋是很多人学会的第一道菜，我也一样。

番茄炒蛋放不放糖？放不放姜？还有人喜欢放点儿蒜，最后出锅要不要放葱？这些都是个人喜好，没什么绝对的对错。堪称家常菜第一名的番茄炒蛋，你吃过的最好吃的做法一定是家里做的。但我想给出一个非常新奇的做法，能够做出最嫩滑的番茄炒蛋。

原料：

1. 中等大小的番茄 2 个
2. 番茄罐头 1 小碗，约 100 克
3. 中等大小的鸡蛋 4 颗
4. 盐大约 1 茶匙

番茄罐头里面是整个的去皮番茄，而不是超市常见的番茄酱（番茄沙司）。为什么要加半罐罐头呢？因为市售的新鲜番茄风味有点不太够，酸度和甜度都不是让人很满意，所以用这样的罐头作为风味的补充。

我买的这款番茄罐头原产自意大利，当地盛产好番茄，如果去过意大利的人，会觉得他们在各式意面、披萨、菜肴里面都爱加番茄。本地特色的好食材，一定是影响本地饮食习惯的重要原因之一。你当然可以只用新鲜番茄试试看，不过加一些番茄罐头，风味确实会提升很多。

步骤：

① 切番茄

把番茄切成滚刀块备用。

② 打鸡蛋

把鸡蛋的蛋白和蛋黄分离开来，把蛋白打出大泡。注意装蛋白的碗里最好无油无水，分离鸡蛋的时候也尽量不要弄破蛋黄，这是因为蛋白里如果有油脂和水的话，会比较难打发。

打发的时候要用蛋抽，别偷懒用筷子，用蛋抽打出来的气泡会更多。打蛋的时候尽可能地打到容器底部，这样比较能整体打匀，不至于只打到上面一半。如果有些人做过烘焙，可能会猜想是不是需要打成烘焙里的干性、湿性泡。其实不用，能够明显感觉到有像图片里的泡沫就可以了。

然后加入蛋黄和盐，一起轻轻打散。

这个做法确实有点类似于做蛋糕，把蛋白和蛋黄分开，并且尽量把蛋白打出大气泡，成品的口感会非常非常轻盈松软。

③ 炒鸡蛋

锅里倒入中式瓷勺2勺半左右的油，轻轻晃动锅子，让锅壁都沾上一层油，这样炒蛋的时候沾到锅壁位置的蛋液不容易糊。把油烧热到略有点冒烟的程度，关火并迅速倒入蛋液。如果可以的话，最好是在加入蛋黄打蛋液的时候就把锅里的油给烧热，免得蛋液静置太久容易消泡。

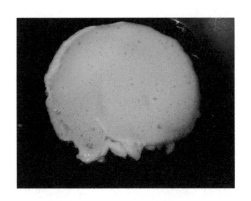

　　热油能够让蛋液迅速凝固，然后用锅铲轻轻翻动、拨散两次。可以看出蛋液中的气泡很多，鸡蛋一直很嫩，不老。

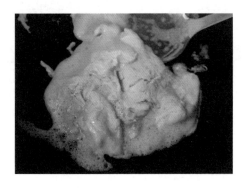

　　开火并保持中火，慢慢把鸡蛋炒出香味，用锅铲切成小块，然后盛出备用。

④　**番茄炒蛋**

　　无需洗锅，再加 1 瓷勺油略微烧热之后，把番茄块和番茄罐头一起炒出汁水。加入刚刚炒好的蛋液一起炒匀。可以尝一下咸淡，如果觉得咸度不够的话再加一点点盐。

　　我喜欢鸡蛋炒得比较散，和番茄的汁水融合得很愉快的样子。如果你喜欢大块儿的鸡蛋，就不要切得太散啦。

　　在炒过并且吃过了千儿八百盘番茄炒蛋之后，偶然的一次改变做法，做出来的结果很是感人。这一盘番茄炒蛋的鸡蛋太嫩滑了，好像戚风蛋糕一样柔软，喜欢嫩滑口感的人，强烈建议一试。

香椿蛋饼：加一点淀粉让蛋饼好成型

　　我本人一直对于各种蛋饼有一个疑惑，就是不管我用什么锅子、放几个鸡蛋、开多大火力、用多少油，好像蛋饼总是有点容易破，不容易成型。大概有八成的情况，煎蛋饼最后会变成炒鸡蛋，真是让人不开心。后来发现一个小诀窍，就是在打蛋液的时候加一点淀粉，各种蛋饼就完完整整、漂漂亮亮的啦！

原料：

1. 中等大小的鸡蛋 4 颗

2. 香椿 1 小把，约 75 克

3. 盐 1 茶匙

4. 淀粉 1 汤匙，水 2 汤匙，淀粉需要使用玉米淀粉或绿豆淀粉，不能用
   红薯淀粉

每年春天香椿刚上市的时候，头几茬香椿最香。到了香椿叶子的绿色部分变得越来越多的时候，味道就淡很多了，这个时候可以换成别的食材来做蛋饼。

鸡蛋和香椿的比例当然随你喜好，但是我是不太喜欢蛋液里的固体物太多的。如果太贪心加太多，整个蛋液的流动性会比较差，这样煎出来的蛋饼更容易破，而且看起来很不平整。不管是用香椿、韭菜，还是其他的配料，推荐每 2 个鸡蛋用 40~50 克左右的固体食材来搭配。

步骤：

① 调淀粉水

把淀粉加上水，搅拌均匀之后让它略微沉淀成湿淀粉。

② 炒香椿

把香椿切碎之后在锅里炒软炒香，盛出备用。

为什么要先炒香椿？很多人在做各种 ×× 炒蛋或者煎 ×× 蛋饼的时候，都习惯直接把食材切碎后和鸡蛋打散在一起。可是如果这样的话，配料的食材没有过油，本身的香味是完全出不来的。而且鸡蛋本来易熟，很容易导致鸡蛋熟了但里面的食材火候还不够，吃起来总觉得有点"夹生"的感觉。

③ 打鸡蛋

湿淀粉撇去上半部分的水，只留下浸透了水分的湿淀粉，和香椿碎、盐，一起加入鸡蛋里打散。

④ 煎蛋饼

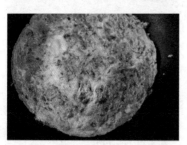

不粘锅里放大概 2 瓷勺的油，烧热之后倒入蛋液，耐心地用小火慢慢煎。等蛋饼的一面煎到金黄，晃动锅子的时候可以很容易地晃动整块蛋饼，然后翻面再煎另一面就可以了。

在煎蛋饼的时候一定要注意用热锅、热油、小火，这样蛋液容易成型，也不容易糊。注意观察蛋饼的边缘，也可以稍微掀开一点看看颜色是不是到位了。

两面都煎成这个颜色，就可以出锅了。

说实话，各种炒鸡蛋当然比煎蛋饼做起来更容易一些，可是蛋饼也是一个蛮拉风的技能点是不是？把香椿换成其他食材，还可以做成韭菜蛋饼、苦瓜蛋饼、菜脯蛋，等等，非常百搭。

蒸水蛋：让水蛋平滑细腻的数字秘诀

网络上流传最广的关于蒸鸡蛋的技巧大概有两点：一是蛋液要过滤，二是蒸的时候要盖保鲜膜。你照做过吗？蒸出来的鸡蛋嫩吗？

鸡蛋是对温度最敏感的食材之一，"蒸"也是一个看似容易但又有很多讲究的烹饪方式。照着上面两个技巧蒸鸡蛋之后，够嫩么？是不是还是觉得有一些改善的空间？

我给你列几个数字，你就知道自己家的蒸鸡蛋应该如何调整了。

原料：

1. 中等大小的鸡蛋 3 颗

2. 重量和鸡蛋大约一样的白开水或高汤，也就是说如果鸡蛋打匀之后是
   150 克，那么就加入 150 克的白开水或高汤

3. 盐 1 茶匙

4. 一个直径大约 18 厘米，深度大约 5 厘米的碗
   要想蒸鸡蛋卖相最好、口感最嫩，有两点最重要：一是蛋液尽量不要
   有气泡，二是蒸制的时间要精确

步骤:

① 打鸡蛋

　　把鸡蛋磕入一个大碗里，加入白开水或高汤，加入盐，一起用打蛋器轻轻打散。动作幅度要小，避免蛋液里产生气泡。

　　你可能还发现，我加的液体不是"清水"，而是写的"白开水"。这是因为烧开过的水会比自来水的气泡要少，能最大限度地减少蛋液内的气泡。当然也可以把白开水换成各种高汤，比如鸡高汤、日式出汁等，风味都很搭。但是在使用高汤的时候，要注意尽量把高汤沥清，这样蒸出来的鸡蛋看起来才不会有杂质感。

② 过筛

　　蛋液过筛能够筛掉一些不容易打散的半固体，让蒸出来的鸡蛋更细嫩。但这仍然不够，过筛后的蛋液表面可能有很多气泡，最好能用一个铁勺轻轻撇干净，这样蒸鸡蛋才能获得最嫩滑的表面。

装着蛋液的碗，要用一层保鲜膜封住，避免蒸锅锅盖上的水滴滴到蛋液上破坏形状。再把保鲜膜用牙签戳几个洞，让保鲜膜内的蒸汽可以散发出来。

③ 蒸鸡蛋

沸水上锅，先用中火蒸 3 分钟，再转小火蒸 12 分钟即可。蒸鸡蛋熟透的标准是，将牙签插入碗中央再抽出，看牙签上是否会有未凝固的蛋液。若没有，蒸鸡蛋就熟透了。

至于说蒸鸡蛋的数字奥秘是什么呢？不知道你有没有发现，我把蒸鸡蛋的原料、碗的尺寸、蒸制时间都写得非常精确。这其中又各有变数，比如有些人喜欢更水嫩的蒸鸡蛋，那么可以把白开水或者高汤的比例加大，把蒸制时间延长；有些人喜欢用小碗或者小茶杯来蒸鸡蛋，那么蒸制时间就要相应缩短。

祝你早日找到属于自己的蒸鸡蛋的数字奥秘。

隔水加热谓之"蒸"，那加热的火到底得多大呢？

蒸菜听起来好似很容易，总觉得不需要像炒菜一样时刻顾及大火、小火、热锅、冷油等各种注意事项。只要把原材料放到水沸的蒸锅里加热，总是能熟的吧？其实不是，蒸菜也需要掌握不同的火候。

① 沸水入锅

"沸水入锅"，或者叫"开水上屉"，顾名思义就是水沸腾之后再把食材放进锅里。这是因为水沸腾之后，锅里的水蒸气才足够饱满。这个时候放入食材，才能让食材迅速受热。

② 旺火沸水蒸

我时常有一种错觉，似乎大部分蒸菜类的菜谱都会写着"沸水入锅、用大火蒸"，但其实不该是这样。大火蒸这个做法，会比较适合细嫩易熟的食材，比如鱼、虾、扇贝等。火力旺了，蒸汽就足了，让食材迅速蒸熟而不至于老。对于这类食材，最好都要根据食材的重量来掐准蒸制时间，多一分则老。

③ 中火沸水蒸

碰上用中火来蒸的食材，大部分蒸制时间都会比较长，才能让个头大又不容易软烂的食材蒸制到位。鸡肉、鸭肉、排骨等，大部分都是用这个办法。用中火长时间蒸制食材的时候，注意蒸锅里的水一定要加够，让蒸汽一直保持充足的状态，一"汽"呵成。

④ 小火沸水慢蒸

那什么样的食材需要小火慢蒸呢？大部分是质地比较细嫩的、需要慢慢受热变熟的食材，最典型的代表就是蒸蛋。一直使用大火足汽容易让蒸鸡蛋变得太老，小火慢蒸的效果就更鲜嫩。

咸蛋黄焗苦瓜：换一个切法，让苦瓜不苦

我小时候是完全不吃苦瓜的，实在是无法理解为什么要吃一个味道发苦的东西。大人们总说吃苦瓜好呀，清火——要清火可以去喝绿豆汤不是吗？尤其是妈妈买菜的时候会在菜摊上一边挑选苦瓜，一边会跟我传授秘诀："如果苦瓜外皮已经有点儿发红了，那肯定就老了，这种苦瓜炒出来会特别苦。"还是不能理解，怕苦的话就干脆不要吃啊！

年纪大一点之后对于苦味的东西接受度会稍微高一些了，但是仍然没有那么喜欢苦瓜，直到发现了一个新的切法，炒出来的苦瓜苦味几乎可以忽略了。

原料：

1. 苦瓜 2 根，大约 500~600 克，选颜色较浅的更好
2. 咸蛋黄 3 个，生熟均可
3. 大蒜 2 瓣，切成蒜片
4. 盐 1 茶匙

步骤：

① 切苦瓜

　　苦瓜的苦味来源是白色的内囊，常规的切苦瓜方式不管切块、切片、还是切丁，都跑不掉把外皮和内囊处理到一起。所以如果有一个切苦瓜的办法能够把内囊完全去除，就可以大大减轻苦味。

　　这个办法说起来也简单，一只手握住苦瓜让它和砧板呈 60 度角，然后用菜刀向下削掉苦瓜的表皮。注意看菜刀的角度，这样削完的苦瓜会有一管完整的白

色内囊。

② 炒苦瓜

　　用咸蛋黄焗（炒）苦瓜，或者炒其他食材的时候，都要注意把咸蛋黄炒到起泡的程度，这样才香。

　　锅里倒 2 瓷勺油，中火烧热之后转小火炒香蒜片，然后放入咸蛋黄，同

时用锅铲碾压咸蛋黄直到全部压碎，然后慢慢炒到起泡。

倒入切好的苦瓜一起翻炒，加入 1 茶匙盐调味，翻炒到苦瓜明显变软

熟透就可以出锅了。

同样的方法还可以用来做咸蛋黄焗南瓜、咸蛋黄焗青椒，等等。

白灼芥蓝：让蔬菜保持青翠的"过冷河"

我们总说一道菜要"色香味俱全"，味道当然是最重要的一点，这是最后落到肚子里的满足感。但是"色"其实是对一道菜肴的第一观感，也很重要，好看的菜总是容易被评价为"有食欲"。

以前看过介绍美食杂志如何拍照的文章，有个小窍门是把菜只炒到七分熟，这样拍出来的食物颜色更鲜艳。我们这本书当然不是！这本书里全部都是把火候做到位的菜，才能给你最直观的感受——一道菜要炒、煎、蒸、炖到什么程度才到位。拿一道白灼青菜来说，要让菜肴颜色鲜艳同时还能好吃，当然就不能用七分熟的办法咯，我们用的小技巧叫"过冷河"。

原料：

1. 芥蓝或菜心约 250 克

2. 小米椒 2 根切碎，不喜欢吃辣的可以省略

3. 大蒜 2 瓣切碎成蒜末

4. 盐 1 茶匙

5. 蚝油 1 汤匙，生抽 1 汤匙，油约 2 瓷勺，清水约 3 瓷勺

6. 准备 1 盆凉水，冰水效果更好

步骤:

① 处理芥蓝

把芥蓝去掉老叶,用削皮刀削掉根部的老皮,然后洗净之后沥干水。

② 焯烫芥蓝

烧沸一锅水,水沸之后滴入几滴油,加入 1 茶匙盐。保持大火,把芥蓝全部放入,焯烫到锅里的水再次沸腾,大概需要 1 分钟左右。捞出来甩干多余的水分,倒入准备好的凉水或冰水盆里,再浸泡半分钟之后捞出来,尽

可能地沥干水分。

这个过凉水或冰水的步骤就叫"过冷河",过完冷河之后的芥蓝是这样的状态,颜色保持得非常青翠。

③ 制作调料汁

在炒锅里倒入 2 瓷勺的油并烧到温热,注意不要烧热到油冒烟的程度。转小火,加入蒜末和小米椒碎爆香。蒜末非常容易糊,一定要注意火力小、勤翻动。在蒜末和小米椒炒出香味的时候,把水、蚝油、生抽一起倒入炒锅,这就是非常简单易做的白灼芥蓝酱汁了。水是不可少的,如果只有蚝油和生抽,锅底会分分钟糊给你看。

开中火把汤汁略收一下之后,连油带蒜末和小米椒,一起淋到芥蓝上就可以了。

所有白灼类的菜式,食材如何入味是个大问题。解决方案有两种,要么把酱汁做得比较"宽",让足够的酱汁附着在每一寸食材上;要么就是用蘸料的形式,把白灼后的食材蘸着酱汁吃。白灼芥蓝就适合前一种,我特别喜欢芥蓝淋上明油的那"滋啦"一声,是有种烟火气息的性感。

焯水到底要用凉水还是热水？

总是有很多新晋"煮妇"，在碰到焯烫食材的时候会有这样的疑问：为什么这个肉要用凉水焯，那个蔬菜又要用沸水？完全弄不明白焯水的规律所在。我大概总结一下：

① 绿色蔬菜的焯烫，大部分时候用沸水

前面的白灼芥蓝菜谱就是如此。原因很简单，煮太久的话蔬菜会失去光泽。我也喜欢在水里滴上几滴油，能够对绿叶蔬菜起到一点"锁色"的作用，光泽更漂亮。绿叶类的蔬菜焯水的时间要短，才能保持爽脆的口感，时间一长颜色和质地都蔫了就不好看了。

② 对于需要去除涩味的蔬菜和根茎类的蔬菜，大部分时候用凉水

需要冷水下锅来焯烫的蔬菜一般有两种情况：一种是蔬菜本身有特殊的味道，比如笋、萝卜等，和凉水一起煮开并且煮一定的时间，这个涩味才能消除掉。

另一种是土豆、芋头之类个头比较大的根茎类蔬菜，要煮透、煮熟，也得和凉水一起煮开并且煮一定的时间才可以。这类蔬菜如果放入沸水锅里煮，最外层会很容易煮烂，而中间还完全没有煮熟，影响卖相。

③ 大部分肉类的焯烫需要用凉水

大块的肉类或骨头在炖煮前需要进行预处理，凉水入锅后一起煮沸，可以煮出肉类里的血水和脏污。相反如果用沸水处理的话，入锅时间太

短，血水和脏污不容易被煮干净。而且沸水入锅让肉类表面一下子收缩了，容易觉得口感太老。

但鸡肉这种易熟的肉类就属于例外情况，小块的鸡肉或整根鸡翅在沸水里焯烫就可以了，还能保持鸡皮的滑嫩口感。整只鸡倒是可以凉水入锅，能把鸡肚子里的脏污也煮出来。

④ 利用短时间的焯烫，可以使食材达到半熟的效果

水分过大但不耐煮的食材，比如鲜贝、鲜鱿鱼、猪肝等，在沸水锅里短暂地煮个 10 秒钟左右，可以煮掉多余的水分，并且让食材达到半熟的效果，再和其他配菜一起炒制。这样主食材不容易出水，也比较好把握熟成度。焯烫不等于白灼，白灼虾的做法是需要在沸水中把鲜虾煮到刚刚熟透的程度。

⑤ 所谓的"过冷河"是什么

"过冷河"当然不算焯烫的操作，但是经常和焯烫一起出现。对于绿叶类的蔬菜，如果希望"锁色"效果更好，可以事先准备好一锅凉水或冰水，在蔬菜焯烫之后马上放进去，就是"过冷河"，这个过程能够让蔬菜的颜色保持得更好。原理是尽快地让食材温度降低，避免因为持续的高温而让食材的颜色继续发生变化，使用冰水的效果更好。

对于一些面食，比如饺子、面条，也经常看到类似的处理：将煮好面条或饺子之后过一下凉水，但是这个作用就不是为了锁色了，而是冲掉面条或饺子表面的淀粉，让它不至于过粘。

手撕包菜：巧用调料让素菜更鲜

手撕包菜的诀窍就是把包菜用手撕开吗？我从前也是这样认为的，但是在手撕了八百次包菜之后，还是觉得和餐馆的手撕包菜有八条街的距离呢。当然，餐厅和家里的灶头火力差很多，这个我懂。餐厅一般油量也比较大，而且大部分都是用猪油来炒这个菜，这个我也有心理准备。还有没有别的原因呢？调料也很重要。

原料：

1. 包菜（圆白菜）1 颗，约 500 克

2. 干辣椒 10 根左右，剪成 1 厘米左右的段，如果辣椒本身比较辣，最好尽量去掉干辣椒的籽

3. 蒜瓣 3~4 瓣，拍碎

4. 盐 1 茶匙，蒸鱼豉油 1 瓷勺（没有蒸鱼豉油的话，就用"半瓷勺蚝油 + 半瓷勺生抽"代替）

步骤:

① **撕包菜**

把整颗包菜撕成大约半个巴掌大的小块儿,洗净并且充分沥干。撕包菜的时候注意要避开粗硬的梗,梗可以舍弃不要。

② **炒香料**

中火烧热炒锅之后,在锅里放大约 2 瓷勺色拉油,在"热锅冷油"的状态下,放入拍碎的蒜瓣和干辣椒翻炒出香味。

蒜瓣和干辣椒都是比较容易糊的香料,如果锅热油也热,香料下锅就很容易糊,保持"热锅冷油"的状态再多多翻炒,才能让香料只香不糊。

③ 炒包菜

倒入沥干水的包菜片，转大火，把包菜略炒蔫之后加入盐和蒸鱼豉油，把调料翻炒均匀，包菜炒透后就可以出锅了。

从前我炒手撕包菜只会放盐和鸡精，总觉得做出来的味道和餐厅出品相比少了一些润滑的鲜味。后来经一位厨师指点，说很多素菜比如香干、包菜这种本身质地偏厚、不易入味的都可以加一点蒸鱼豉油来炒，家里不常备蒸鱼豉油也没关系，可以用蚝油加生抽来代替。试了一下果然效果很好！蒸鱼豉油或生抽自带咸鲜味，比单纯的食盐更容易渗透到食材里面，一个简单的小改变，让菜肴增色不少。

荤菜

站在食物链顶端的快感

酸菜炒红薯粉：让红薯粉入味又不粘锅

我是湖南人，小时候很爱吃一道家常菜叫"酸包菜炒红薯粉"，红薯粉绵软又有弹性，各种酸菜肉末附着在粉条或者粉皮上，特别好吃。而且红薯粉本身饱腹感又比较强，简直可以抱着一整碗一直吃下去不撒手。后来到武汉念书的时候，发现当地也有类似的菜式叫"泡菜苕粉肉丝"，武汉人把红薯叫作"苕"，红薯粉就是"苕粉"。两个菜式大同小异，都是酸酸辣辣的好吃风味。

不过等到我也想下厨做这道菜的时候，却发现红薯粉完全没有我想象的那么好处理。最痛恨它不容易入味又容易粘锅，每次炒起来总觉得手忙脚乱。如果只是拿来下火锅，当然要容易得多，可是有时候就是想吃那一口酸酸辣辣的味道呀！摸索了好几次之后，终于发现泡红薯粉和炒红薯粉的奥秘。

原料：

1. 红薯粉约 150 克，粉条或者粉皮都可以，如果使用粉皮的话，就需要在泡好之后切成大片

2. 肉馅约 50 克

3. 酸包菜（坛子腌过的一种泡菜）约 100 克，切成碎末，如果喜欢的话也可以加一些酸萝卜或泡椒，保证整体分量在 100 克左右

4. 大蒜 2 瓣、老姜 3 片、小米椒 2 根，都切成碎末

5. 如果比较嗜辣，也可以再加 2 根野山椒，同样切成碎末

6. 老抽 1 瓷勺，蚝油 1 瓷勺，盐 1 茶匙

7. 猪骨汤 1 小碗，约 100 毫升。

步骤：

① 处理红薯粉

事先把红薯粉处理好，可以大大降低炒制过程中粘锅的程度。这个处理过程也很简单，先泡、再煮、再泡。

先把干的红薯粉浸泡在足够没过粉条的凉水中大约半个小时，到红薯粉变得比较柔软即可。然后在一锅烧沸的清水中把泡过的红薯粉煮10秒钟，马上捞出，再放入凉水中浸泡备用。处理好的红薯粉会变得透明又柔软。

煮红薯粉的时间不宜太长，太长的话红薯粉会被煮烂，后面就根本没法再炒了。而煮完之后继续浸泡到凉水里面，也是为了让它迅速降温，并且泡在水里也能起到防粘的作用。

② 炒配菜

　　锅里倒大约 3 瓷勺油，烧热之后先放入辣椒末和姜末炒香，再放入蒜末炒香。放入酸包菜碎同样炒出香味之后，倒入沥干水的红薯粉条。

　　这个时候不要用锅铲，而是用筷子直接拌炒，避免粉条被铲断。在倒入所有的配料之后，迅速加入猪骨汤，用中火边煮边炒，这样调料的味道能均匀地渗透到食材里，红薯粉也不容易粘锅。等汤汁收干之后，就可以出锅啦！

　　这是一碗酸辣好味的红薯粉。

麻婆豆腐：麻辣咸香酥烫嫩

对于麻婆豆腐，川菜中是有一个既定标准的，好吃的麻婆豆腐得"麻辣咸香酥烫嫩"。前面四个字都好理解,酥烫嫩指的是什么？"酥"是指的麻婆豆腐里用到的牛肉末，火候到位的牛肉末，吃起来口感酥香化渣。而"烫"指的是麻婆豆腐上桌时的温度，不止温热，要烫口才好。"嫩"当然是指的豆腐的质地了,豆腐够嫩，吃起来要用勺舀才行。

符合"麻辣咸香酥烫嫩"要求的麻婆豆腐要怎么做呢？

原料：

1. 豆腐 1 大块约 400 克，最好选用石膏豆腐

2. 瘦牛肉馅儿约 50 克

3 大蒜 2~3 瓣切蒜末，老姜 3~4 片切姜末

4. 郫县豆瓣 1 瓷勺，永川豆豉半瓷勺，都尽量剁细

5. 盐 1 茶匙加 1 茶匙

6. 玉米淀粉 1 瓷勺，配上等量的清水调成水淀粉

7. 青蒜 1 根，切碎

步骤：

① 煮豆腐

　　把豆腐切成 1.5 厘米左右的方块放入锅里，加一茶匙盐和没过豆腐的清水一起煮沸，然后捞出豆腐控干水分。

　　这一步是为了去掉豆腐本身的豆腥味儿，也可以让不好入味的豆腐提前入入味儿。焯过水的豆腐被煮掉了多余的水分，质地变得更加"紧实"，烹煮的时候也不容易碎。

② 炒牛肉

　　锅里倒入大约 2 瓷勺的色拉油，烧热后把牛肉馅儿下锅翻炒到变色。要把牛肉的水汽完全炒干，并且炒到略有点焦香，口感才会够"酥"。

③ 炒香料

　　无需盛出牛肉末，也不需要洗锅，直接在锅里倒入剁碎的郫县豆瓣酱和

永川豆豉，同时倒入姜末和蒜末，一起炒出香味。

郫县豆瓣和蒜末都很容易糊，注意油量不能太少，油温和火力也不能太高。如果上一步炒牛肉馅儿已经觉得锅底有点干了的话，最好再加1瓷勺的油，免得香料一下子炒糊了。

④ 煮豆腐

把焯过水的豆腐倒入锅里，倒入没过豆腐的水量和1茶匙盐，大火烧开后转至中小火，慢慢把豆腐烧入味。

锅里的状态应当是不断有气泡在锅子的中间"咕嘟咕嘟"地冒出来。途中不要用锅铲搅动豆腐，可以用锅铲轻轻地"推"豆腐，这样能避免豆腐被铲碎。

⑤ 勾芡

豆腐煮上两三分钟后，锅里的水分已经蒸发掉了不少，在水平面下降到豆腐表面以下时，就可以准备勾芡了。

把事先准备好的淀粉和水再用筷子轻轻搅拌一下，让它融合成质地均匀的水淀粉，分成两次淋入正在焖煮的豆腐里。分两次勾芡可以让豆腐的光泽度更好，而且勾好的芡不容易"泄"。芡汁搅拌均匀，明显觉得煮豆腐的汤变得浓稠之后就要马上关火，免得糊锅。

勾好芡的麻婆豆腐，撒上青蒜末和花椒粉，端上桌趁热吃，就足够"麻辣咸香酥烫嫩"啦！

辣椒炒肉：碗底的油汤见真章

辣椒炒肉实在是和番茄炒蛋一样的餐桌家常，你大概会觉得没什么特别的。说实话，我以前也是这个感觉。

长沙有个餐馆叫"谢光头辣椒炒肉"，这个餐馆名字是什么概念呢？我一直觉得，会把一个最平常不过的家常菜作为餐厅的立足之本，一定有其不同寻常之处。前阵子偶然翻闲书看到一篇对他们家老板的采访，感觉完全点亮了我自己本来就觉得已经很好吃的辣椒炒肉的最后一个技能点！ 这碗辣椒炒肉，从选料、切辣椒、切肉、炒制到调味的各个步骤，每一步都有让人惊喜的小技巧。

原料：

1. 螺丝辣椒约 500 克

2. 里脊肉约 150 克，也可以根据自己口味选用五花肉

3. 大蒜 2 瓣，切蒜片

4. 老抽约 2 汤匙，1 汤匙腌肉，1 汤匙调味（建议选择标识了"天然生晒"字样的酿造酱油）

5. 盐约 1 茶匙，鸡精一小撮

6. 猪骨汤 1 大勺，最好不要省略

7. 两次使用的食用油大概在 50 毫升左右，会比平时做菜用的油量稍微大一些，最好能用猪油代替，会更香

步骤：

① 处理猪肉

很多人做辣椒炒肉的选材都是五花肉或后臀尖，肥瘦夹杂的肉质自带油脂香气。因为我们家不太爱吃肥肉，就选用了肉质也很嫩但是会瘦一点的小里脊。如果不介意肥肉的话，五花肉很好，或者学一些餐馆用"油渣+瘦肉"的做法，既有油脂香气，吃的时候又可以只吃瘦肉的部分，兼顾得很好。

切肉的时候注意先剔掉所有白色的筋膜部分，免得影响口感。里脊肉先切成薄片，然后逆纹切成细丝。我喜欢把猪肉切得细一点，宁愿碎一点也不要太粗犷。因为各种"XX炒肉"的菜里面，一定是菜比肉来得好吃。出于同样的理由，1斤辣椒我也只配了3两肉，有肉香就够了，肉丝不是这道菜的主要目的。

然后用1汤匙老抽把肉丝稍微抓匀之后腌制一会儿，趁着这个时间来处理其他配菜。

② 处理辣椒

我用的辣椒品种是"螺丝辣椒",北京其实更常见的是尖椒,能不能用尖椒代替?不行。螺丝辣椒的肉质比普通尖椒要来得薄、更脆口,炒起来香,有辣味但不呛,很适合做这种用辣椒作为主料的菜。在湖南本地的话,辣椒的选择当然会更多,比如菜市场上可能会有"湘研X号",都是湖南本地专门研究的各种辣椒品种。我的最爱是每年11月的时候只上市1个月左右的"扯树辣椒",这是深秋季节的最后一茬本地辣椒,采摘完之后辣椒树就得被拔掉了,所以叫"扯树辣椒"。"扯树辣椒"肉更薄、香气更浓,好吃得不得了。

在切辣椒的时候我要叮嘱的是:所有的辣椒切完之后要是平整均匀的,不要有鼓鼓囊囊的地方,那些部位在炒完之后仍然容易带有生辣味。切辣椒的时候最容易忽视的就是辣椒的尾巴尖的部位,一定要把它剖开成两半,达到平整的效果。

③ 炒肉

锅里倒入2瓷勺油,烧到温热但不冒烟的状态,把腌好的肉丝放进去炒个七八成熟就盛出来。这一步里油温不能太高,炒肉的时间也不能太长,否则细细的肉丝很容易被炒老。

④ 炒辣椒

重新洗一下锅，多倒一点油，烧到有点冒烟的状态把辣椒放进去炒，全程保持大火。

炒过肉的锅底不洗的话容易粘锅，而把油烧到有点冒烟是因为需要让油温足够高，快速把辣椒炒蔫，全程保持大火也是这个原因。如果不忌讳荤油的话，这一步可以用猪油来炒，成品会更加香。

炒辣椒的时候有一个手法要注意，要尽量不断地用锅铲来"擂"辣椒，就是用锅铲底部去碾压辣椒，让辣椒更容易炒蔫。这一步非常重要，这样炒出来的辣椒炒肉才会更香辣又不呛。

看着辣椒已经比较蔫了，缩水到体积只剩一半的时候，可以把蒜片入锅再翻炒一下。

你可能会有疑惑，这样蒜片似乎爆不出香味？把锅里的辣椒拨到一边，炒锅稍微侧一点，锅底会有油分，把蒜片集中在这个地方炒香就好。采用这个做法，是因为在开始炒的时候油温和锅子的温度太高了，蒜片非常容易糊。

　　辣椒炒到基本熟透的时候，加入盐、鸡精和 1 汤匙老抽来调味。再加 1 大汤勺（汤锅配套用的不锈钢大汤勺）没有调味过的猪骨汤，和刚刚已经炒到七八成熟的肉丝，继续大火快炒，10 秒左右即可出锅。

　　这猪骨汤就是"谢光头"老板给我的灵感！

　　效果果然很好，肉汤入锅之后一直保持大火烹煮，确保入锅后能在 3~4 秒内收干汤汁。要达到这个速度就一定要全程大火，保证锅里的温度一直是够高的。如果没把握的话，也可以少加一点肉汤试试，不要把辣椒炒肉变成了辣椒煮肉。

加入的肉汤既沉淀了锅里多余的油分，又让辣椒、肉丝和所有的调味料融合得非常非常非常好（必须连说 3 个非常才能强调我的感受）。如果你是用猪油来做，猪油加肉汤融合之后，这碗辣椒炒肉的香气大概还能拔高 80 米！

　　辣而不呛的辣椒、味道浓郁的肉汤、带有生晒好风味的老抽，让碗底的油汤油而不腻，光这个油汤拌饭就能吃下 3 碗！

万能吃货们的评论：

辣椒炒肉吃不够，汤汁拌米饭绝对一流。饭扫光！

@万万没想到的龙

有时候还会放点姜和豆豉，也很好吃！肉汤新技，get！！

@多动儿

粉蒸排骨：米粉香，排骨才香

最美妙的粉蒸排骨，下面一定要垫淀粉类的食材，比如土豆、芋头、红薯，五香味儿的米粉裹在肉上，入味了的肉汁流到菜上……一口咬下去，排骨软烂脱骨、香浓不腻，米粉自带醇厚米香，好吃得不得了。

做起来当然也不难。话说我以前也觉得"粉蒸XX"是家常菜里面最简单的，不就是用蒸肉粉拌一拌，码到锅里蒸就可以了吗？后来发现不是，简单的家常菜要做得好吃，窍门也是蛮多的！

原料：

1. 肋排约 500 克，剁成麻将大小的块状
2. 腌制肋排的调料包括：老抽 1 瓷勺、腐乳汁半瓷勺、辣椒油 1 汤匙、大蒜 2 瓣切蒜末、老姜 2 片切姜末
3. 垫底的土豆、芋头、红薯任选，我一般用 1 斤肋排配 1 个中等大小的土豆
4. 食用油大约 1 汤匙
5. 盐大约 2 茶匙
6. 打米粉的材料包括：大米半杯（电饭煲的量杯）、糯米半杯、花椒几颗、八角 2 瓣（指的是 1 颗八角上掰下来的 2 个角，千万别用 2 颗整八角，会很苦）
7. 拌米粉的材料包括：老抽 1 汤匙、温水适量

和所有家常菜的做法、配料一样，粉蒸排骨当然没有"一定要如何做"的定式。之前和四川的朋友们聊天，发现他们会在腌料里面放一点豆瓣酱，但是我们家就很少放，这都看你的习惯。

我自己的感觉是，配料中的老抽尽量不要省，给排骨定下一个咸鲜味儿的基调。而腐乳汁如果家里不常备（我用的是老牌子广合），辣椒油怕太辣，你都可以省掉。至于蒜末、姜末，其实吃起来感觉并不明显，不过会让排骨的风味多一点层次，很好，建议放。

步骤：

① 腌排骨

蒸不同于爆炒，你可以想象一下那种食材和调料在蒸锅里相对静止的感觉。所以对于重口味蒸菜来说，事先的腌制尤其重要，这叫"码味"。

排骨剁成麻将块的大小——抓了蒸肉粉之后的排骨体积一定会变得更大，所以食材要处理得精致小巧一些，才能一口一个。用上面列出来的所有腌制用的调料和排骨一起抓匀，盖上保鲜膜放冰箱至少腌制一两个小时，过夜更佳。

② 制作米粉

　　当然有很多现成的"蒸肉粉"可以用，不过我推荐自己制作。现在家里有料理机的人不少，蒸肉粉也不需要打到多么细碎的程度，其实是很好掌握的。

　　我大概用到了这些材料：大米半杯（电饭煲的量杯）、糯米半杯、花椒几颗、八角2瓣。这是方便制作的分量，不一定需要用完。老厨师们在自制蒸肉粉的时候讲究用籼米，质地偏硬一些，吸水度也更高。我用普通东北大米加糯米的做法，是想让蒸肉粉的口感比较软糯。其实都可以的，看你口味。八角、花椒粒不要贪心放太多，否则满口都是香料味儿，反而吃不出米香。

　　先把以上所有材料放到炒锅里，不放油，直接用小火干炒，炒到变黄，可以明显闻到香味即可。炒好的大米非常香，香到你可能有点想吃爆米花……整个过程大概需要5分钟左右。

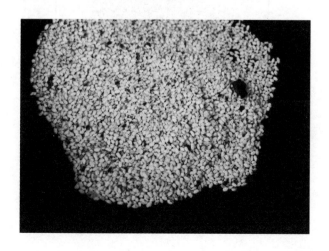

前期可以用中火，让锅的温度快速上来。但是一旦有大米开始变色之后，就一定要转小火并且勤快翻动，不然太容易糊，一糊就苦了。在普通炒锅里做就可以了，不需要放水也不需要放油，别用不粘锅来炒，伤锅。

炒好的米粉用料理机打碎，但不要打成粉末，保留一点颗粒感比较好。如果没有料理机，可以试试用擀面杖之类的工具来碾碎。然后加1小匙盐，用1小勺老抽和适量温水拌匀化开，这一步不能省。

在蒸肉粉里面也加入老抽，是为了让整个菜式的口感和风味一致，不然会容易觉得有些地方够味了，有些地方却淡了。盐的分量我用了1茶匙，你可以尝尝米粉的味道来决定咸淡。注意加入的温水水量不宜太多，一边拌一边加，到蒸肉粉混合成上图的程度就可以了。

拌好的蒸肉粉应该刚刚好能"ba"在食材上面，不会太干也不会太湿，如果太干"ba"不住的话，夹着排骨吃的时候米粉会掉，而如果蒸肉粉太湿则会容易流汤。

③ 裹排骨

把土豆（或芋头或红薯）去皮切块垫底，薄薄地撒一层盐。每一块排骨裹上一层蒸肉粉，轻轻地码在土豆上，千万不要压，要让它们有点空隙，这样能够让食材受热比较均匀。蒸肉粉也不要裹得太厚，毕竟我们是在吃肉而不是在吃蒸肉粉，米粉是主食材分量的 10%~20% 比较适宜。

码好之后，再在表面淋 1 小勺食用油，这是为了让整个菜品更加滋润一点。如果蒸的主食材是排骨、牛肉，我都会加一点油，五花肉就不用了，肉本身出的油就够了。

④ 蒸排骨

我是用的高压锅，没有高压锅的也可以直接沸水上锅蒸。高压锅大概需要在"上汽"之后再蒸 20 分钟左右，普通的蒸锅则需要蒸 40 分钟以上。判断排骨是否蒸好了的标准是排骨是否脱骨，垫底的土豆是否软烂。

由于食材堆得很厚，如果用普通蒸锅建议全程大火，注意蒸锅里的水要加够。建议中途打开一次蒸锅看看表面的米粉是不是有点干了，因为有些锅的锅盖并不能搜集水分滴到食材上，碰到这种情况最好加喷一次水，太干的米粉不好吃。

炒过的、现打的米粉是整碗菜的灵魂所在，有着任何市售蒸米粉配方都达不到的香气，非常迷人。

万能吃货们的评论：

我们那边过年吃粉蒸肉，排骨换五花，小时候就看着爸妈把米先炒香，再拿碗的侧壁一点点碾碎，一次做好多碗出来放在窗台外头自然冻着，来客人了就取一碗蒸透了扣盘里就可以上桌啦！

@ruier

我做粉蒸排骨的米粉会加两三颗辣椒，小火将米炒得微黄，散发出米的香味，放凉后打碎。

@冬冬

我们家做的粉蒸肉五香味比较少，一般用纯味的米，最后勾个酸味的芡也好吃又润。另外我妈会先用冷水加姜丝把排骨泡半个小时以上，把血水泡出来去腥味，效果也挺好的。湖北粉蒸菜确实什么都能蒸，鱼、萝卜丝（配五花）、南瓜、青菜、豆角，没有做不到只有想不出。过年从来都是蒸筒蒿最抢手。

@Alice

糖醋排骨：用两种醋，分两次放

糖醋排骨是一道最简单常见的家常菜，又是一道最难做好的家常菜。因为它实在是众口难调：有人喜欢食指长度的肋排、有人喜欢麻将大小的小排；有人喜欢口味酸一点，有人喜欢甜一点，还有人喜欢加点儿番茄酱。

我写的糖醋排骨菜谱不一定符合你的口味，尤其糖和醋的比例，多半需要根据自己的喜好来调整。但糖醋排骨里的醋要分两次放，这是一个很有趣的技能点，这样做出来的糖醋排骨能保持更好的醋香。

原料：

1. 肋排大约 600 克，剁成你喜欢的大小
2. 冰糖 60 克，陈醋 45 克，香醋 15 克
3. 八角 1 颗，老姜 2~3 片，大葱 2 段
4. 老抽半瓷勺，注意老抽的分量不宜过多，冰糖已经有上色效果了
5. 盐 1 茶匙

我习惯的口味分量比例是冰糖：醋：排骨 =1：1：10，可以根据自己的口味来调整。但冰糖建议不要换成白糖，两者的甜度和风味完全不同。

用在糖醋菜肴里的陈醋和香醋作用也不一样，不要偷懒只放一种。陈醋比较酸，在烹饪过程中加入，能给排骨入味。香醋用在排骨快出锅的时候，主要作用是提香。快出锅的时候汤汁也收得比较浓稠，用于提香的香醋分量不宜太多，否则会破坏汤汁的质地。

步骤：

① 处理排骨

剁成小块的排骨焯水后尽可能地沥干，或用厨房纸巾擦干表面。炒锅里倒入大约 3 至 4 瓷勺的油，烧热后用中火把排骨从白色炒到两面微焦。

传统糖醋排骨的做法会把排骨先用油炸，但是家庭小规模制作时，用油炸的办法就有些太费油了，我会用炒的办法来代替。炒之

前一定要把排骨充分沥干、擦干，避免溅油。炒的时候不需要太频繁地给排骨翻面，半煎半炸的做法能让排骨受热更充分。

② 煮排骨

第一步处理完的排骨捞出沥干油，炒锅洗净重新放入 1 瓷勺新油，烧热后用中火炒香八角、大葱和姜片。

放入排骨、老抽、陈醋、冰糖、盐和没过排骨 2 厘米左右的水，大火煮沸后转中火煮 30~40 分钟。

锅里加入的水量要充足一些，保证糖醋排骨的烹制时间不会太短，否则排骨不够脱骨。

③ 收汁

汤汁烧半个小时左右会慢慢变得越来越浓稠，带有糖浆的汤汁会不停地冒大泡。汤汁烧干到图片上这个程度的时候，就要把火力转小，避免汤汁烧糊。

汤汁完全收干后倒入香醋，马上关火，再撒入白芝麻就可以了。醋加热后容易挥发，会丧失香气，在倒入香醋后就不要再持续加热了。

糖醋是中餐里的一种基本"味型"，调准了自己喜欢的糖醋口味之后，做糖醋排骨、糖醋里脊、糖醋鱼都不在话下啦。

红烧肥肠：清洗内脏食材不可怕

我的人生中有无数次，在餐桌上纠结着点菜的时候，鼓起勇气问坐在对面的不太熟悉的新朋友"你吃肥肠吗？"然后在得到对方肯定的答复之后，突然就觉得双方亲近了起来。卤肥肠、红烧肥肠、干煸肥肠，溜肥肠、粉蒸肥肠、豆花肥肠，九转大肠，草头圈子，肥肠粉再加一个冒节子，每一种吃法都是我的爱。

当然以前大部分时候都是在外面吃，因为我大概在四五年前才第一次自己处理肥肠，彻底收拾到我认为的干净的程度之后，我去洗了 7 次手，真的觉得特别可怕……不过现在已经驾轻就熟了，收拾得又快又好，每次来个 2 斤不在话下。

原料：

1. 肥肠约 750 克

2. 可以酌情加一些自己喜欢的适合搭配肥肠的配菜，比如猪血、豆腐、豆腐泡等，分量可以和肥肠差不多或者略少

3. 清洗肥肠的材料：淀粉大量，香醋 1 碗

4. 蒸、煮肥肠调料：花椒十几颗，八角和桂皮各 1 块，老姜 3~4 片

5. 炒锅底调料：老姜 3~4 片，蒜头 3~4 瓣拍碎，小葱 3~4 根洗净打成葱结，干辣椒段 1 小把，花椒十几颗，八角和桂皮各 1 块，豆瓣酱约 1 瓷勺

6. 红烧调料：啤酒 1 小罐约 330 毫升，盐和白砂糖各 1 茶匙，老抽和香醋各 1 瓷勺

7. 其他配菜：青蒜 2 根，切成马耳朵形状，小米椒 2 根切丝或片

肥肠我一般买1斤半，因为摘掉肥油就会少一些分量，而且煮完缩水会很严重，每次处理完1斤肥肠会觉得有点不够吃。肥肠分肠头和普通的大肠，肠头的口感更厚实，做完菜之后造型也非常"坚挺"，做成草头圈子之类菜式的时候肯定需要用到肠头。不过如果做红烧肥肠的话我一般选择买普通大肠，这个完全看你口感的偏好。

菜市场的肥肠一般有两种，一种很白、全生、完全没处理过的，另外一种颜色较深，是粗粗焯过一次水的，我觉得颜色深一点的会比较好处理，看起来也没那么大的心理障碍，给你作为参考。

步骤：

① 洗肥肠

洗肥肠我一般会用两种材料，淀粉和香醋。淀粉可以洗掉肥肠内壁多余的油脂，香醋可以去除异味。用什么材料也是个人偏好，有些人喜欢用盐或面粉代替淀粉，我觉得都可以。用颗粒状的材料使劲儿搓，是可以带走油脂的。而且我喜欢淀粉遇到水之后会糊化，感觉吸附力更强。

注意一定要戴好乳胶手套，这样手上不容易染上肥肠味儿。

洗肥肠大概分成以下两步：

（1）把肥肠剪开或者撕开，露出内壁的油脂，把油脂直接撕掉，撕掉油脂的肥肠其实基本已经干净了。

(2) 倒入大量淀粉把肥肠内外反复搓洗两次，然后冲洗干净，再倒入香醋也反复搓洗两次，冲洗干净。处理好的肥肠大概是这样：

有些人会把肠壁撕掉一层，那样剩下的肥肠口感太过单薄，而且味道容易发苦，不好吃。把肥肠里面的肥油部分摘干净，脏东西洗干净就可以了。

② **焯水**

把处理干净的肥肠放入锅里加满凉水，煮沸之后捞出肥肠。

③ **蒸、煮肥肠**

焯水后的肥肠加上姜片、花椒、八角和桂皮，放入高压锅里蒸或煮 20 分钟，把蒸好的肥肠切成段或者片备用。这一步是为了让肥肠比较软烂，以免质地太韧了会有点儿费牙口。如果没有高压锅也没关系，用普通蒸锅蒸 30~40 分钟。

④ **炒锅底**

锅里倒大概 4 瓷勺的油，烧热之后把老姜、拍碎的蒜头、葱结、花椒、八角和桂皮倒进去，小火炒出香味。再加入干辣椒段，同样炒出香味。加入豆瓣酱，炒出红油，倒入肥肠开始翻炒。

注意锅底中的花椒粒、干辣椒段都比较容易炒糊，要注意火候，闻到有香味的时候就可以进行下一步了。

⑤ 烧肥肠

把啤酒、老抽、盐、一点点白糖、香醋都倒入锅里，再加 1 碗水一起焖煮。水量大概是没过肥肠还高出 1 厘米左右，平时有习惯加料酒的也可以在这一步加。如果想加任何配菜，比如豆腐，也是这一步放进去就好。

烧 5 分钟左右至肥肠完全入味，汤汁不需要完全收干，加入青蒜和红辣椒就可以出锅了。小米椒本身味道太辣，最后加入主要是为了颜色鲜艳，不太吃辣的人也可以省掉这一步。

因为处理肥肠比较麻烦，所以我有时候会稍微多烧一点，一顿吃不完也没关系，可以留做米粉、米线、面条的菜码，浮出红油汤底的肥肠米线极其诱人。

万能吃货们的评论:

告诉你一个我美国同事教给我的小秘诀:清洗完肥肠、鱼等味道大的东西后,手上的腥味可以通过拿一个不锈钢调羹,在水龙头下用温水摩擦手指,这样味道可以减轻很多。

@云淡风轻问岁月

肥肠和很多菜都超级搭:大白菜、豆腐……加点辣椒酱,都特别好吃。

@Gracia

野山椒炒牛肉：牛肉要逆纹切、温油炒

　　我在刚刚开始学做菜的时候，最怕处理的食材就是牛肉（我敢说很多人和我一样！），实在是搞不懂要怎么炒牛肉才能不老。在失败了八百次之后，去网上搜了好多图片和菜谱，算是学会了"逆纹切牛肉"这个办法。不过好像……也不太管用？不论是顺纹切还是逆纹切，都还是会炒老啊……摸一摸咬得有点儿累的牙齿和腮帮子，完全不明白问题出在哪。

　　在做菜越来越多，攒了不少经验值之后，发现要想把牛肉炒得不老，除了"逆纹切牛肉"之外，更重要的一点是要"温油炒牛肉"。

原料：

1. 牛里脊 1 块，大约 300 克

2. 腌制牛肉用到的调料：老抽 1 瓷勺、油 1 瓷勺、蚝油半瓷勺

3. 香芹 1 把，切成大拇指长度的段，不要用西芹

4. 小米椒 3 根切丝，老姜 2~3 片切丝，蒜瓣 2~3 瓣切片

5. 野山椒 20 来根，切碎

6. 盐大约 1 茶匙

在这些配料里面，如果把野山椒去掉就是简单的芹菜炒牛肉。有时候看到厨房新手问为什么自己所有的菜炒出来都是一个味道？那么，野山椒加小米椒这种复合调味的办法就可以试试看，肯定与只用辣椒做出的味道不一样。芹菜也可以换成香菜、洋葱、辣椒，等等，根据食材不同要调整火候，但是步骤基本上是一样的。你看，简单的野山椒炒牛肉转身又可以变成好多不一样的新菜。

步骤：

① 切牛肉

我们还是要说清楚什么叫"逆纹切牛肉"。一般炒牛肉都会选用比较嫩的牛里脊部位，先切成片，再切成丝。不管是切片还是切丝，都要注意跟牛肉本身的纹路垂直。

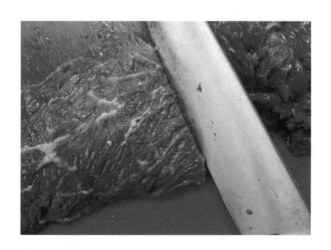

还要注意，切开的肉片会有筋膜，如下图：

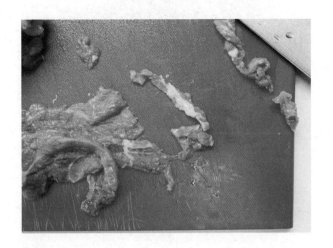

筋膜最好要剔除干净，不然就算注意了火候，牛肉还是容易咬不动。怎么剔呢？对于新手的建议是，切完片再切丝的时候，碰到这种筋膜就可以直接切下来扔掉，不熟练的时候不怕多浪费一点嘛。

② **腌牛肉**

腌牛肉和腌猪肉不同，腌牛肉丝我会用以下几种材料：老抽、蚝油和色拉油。老抽和蚝油可以让牛肉质地鲜嫩入味。如果习惯用生抽也可以，但在后续调味的时候要稍微减一点盐分。另外，如果炒牛肉丝的话，我一定会再加一点色拉油来腌制。因为牛肉比较瘦，油脂少，炒起来容易干，加一点色拉油口感会更"润"，炒起来也不容易老。

不过我没有给牛肉上浆，小炒的牛肉丝我自己比较偏好不上浆，这样牛肉本身和配菜都会比较清爽。如果你喜欢口感更嫩一些的牛肉，可以参考主食菜谱中"干炒牛河"里提到的上浆的方法。

③ 炒牛肉

炒牛肉要注意两点：时间要短，火别太大。

时间短怎么做到？分两次炒。第一次先把牛肉炒到刚刚变色就马上出锅，然后在配菜炒得差不多了之后再把牛肉放进去用很快的速度炒熟。其实对于猪肉也是一样，不过牛肉会需要更小心一些，一定要时刻观察牛肉的变色程度。

如果火力或油温太高、肉丝又比较细的话，很容易一下子就炒干了。看下面这张图，我会用比较多的油，略微烧热到六七成热——手掌悬空放到炒锅中间的时候，能够明显感觉有热度，但是油绝对还没有开始冒烟——再把腌好的牛肉丝倒进去，用筷子划散，等肉刚刚变色的时候盛出来。

炒好的牛肉丝放到笊篱上沥掉多余的油和汁水。

　　你别小看这一步，很多人炒菜的时候，喜欢在锅里把菜的汤汁给收干再出锅。市售牛肉出水又比较多，如果因为想收干水分而多炒半分钟，就会很容易把牛肉炒老！一定要尽量沥干水分才行。

④ 炒菜

　　牛肉放在一边沥着，炒锅洗一洗重新放油，稍微烧热之后加入姜丝、辣椒丝和蒜片炒香。这个阶段用中火就好，免得蒜片和辣椒炒糊。然后加入野山椒碎和芹菜段，转大火迅速翻炒。炒芹菜的时候保持最大火，尽量快速蒸发芹菜出的水分。

　　芹菜快炒熟之后加入牛肉，加盐调味，迅速翻炒出锅。这个翻炒的过程大概也就十几秒，时间绝不能长！半熟的牛肉加上旺火，很快就能熟。

　　逆纹切、温油炒，并且手要快，炒出鲜嫩的牛肉丝就是这么简单。

万能吃货们的评论：

香菜野山椒牛肉丝简直是每次必点～我自己也试做过，放了小米辣整个味道都升华了～

@Jing

这个牛肉炒芹菜是我妈的拿手菜，断生再下锅快炒，以及配菜单独炒熟这两个步骤都是一样的，只不过我妈最后放的配料是黄豆酱，而且油要放得多一些，口味是浓香型的，而且特别下饭，田螺可以试试。

@不高兴小姐 2015

我也很喜欢我妈给我炒的牛肉。把切条的酸木瓜、少量的姜和牛肉一起剁碎，还有火红的小米辣也剁碎。然后放入油锅炒，八分熟的时候放盐和一勺酱油，起锅时再放入切碎的香叶，然后装盘，就着馒头或是大饼吃。

@Shawn Q.

麻辣牛肉：慢慢炸出不干不硬的牛肉片

麻辣牛肉是很重要的，从小时候街边的零食摊，到读书时买的各种袋装小零食，到工作之后每次顶着压力需要就着啤酒扫荡各种宵夜的时候，它总是在。但是市售的麻辣牛肉总是吃得不过瘾，便宜的不敢买，贵的买回来又没几片肉，而且很多调味对我来说有点太油太咸，吃了之后肠胃不太舒服……关键时候还是要靠自己呀！

原料：

1. 牛腱子半个，约 250 克

2. 盐 1 茶匙，老抽 1 瓷勺

3. 干辣椒 1 小碗，花椒 30~40 颗，这两个材料的分量都可以根据自己的口味来调整

4. 老姜 3~4 片，蒜瓣 3~4 瓣拍碎，白糖半茶匙

5. 香菜段 1 碗，不爱吃香菜的可以换成香芹

步骤：

① 切肉

比起前面的"野山椒炒牛肉"来说，麻辣牛肉的处理就简单多了。先把牛腱子肉表面的筋膜剔掉，刀子磨快一点更好操作。

然后把牛腱子肉逆纹切成大约三四毫米的厚片，记住不管什么时候处理牛肉，一定要遵循"逆纹切肉"的原则。牛腱子本身自带一些筋膜，问题不大，不需要剔除，只切片就行。

② 腌肉

因为待会儿牛肉要直接入锅炸，需要提前腌制牛肉。对于油炸这个处理方式，更适合在烹饪前"码味"，这样入味效果会更好。用1茶匙盐和1瓷勺老抽把牛肉片抓匀，腌上半小时到1小时备用。是的，不需要任何淀粉、蛋清、嫩肉粉，只用盐和老抽就好，吃起来不会老的，放心。

③ 炸牛肉

　　炒锅里放入较多的油，需要能够没过所有的牛肉。油温烧热，到手掌放到炒锅上方能够感觉到明显的热度，但是还没有冒烟的程度，此时倒入所有的牛肉片，用筷子拨散，用中火慢慢炸。

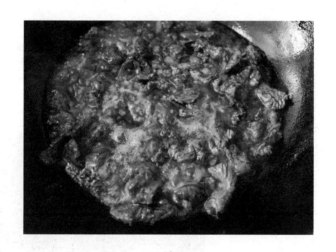

　　一直用中火炸，炸多久呢？ 5 分钟。

　　这 5 分钟的时间里，可以让牛肉片里面多余的水分被慢慢炸出来。但是因为油温和火力都不算特别高，所以牛肉不会被炸得太干。当然啦，这是我自己的口味偏好，我现在不太买市售牛肉干的一个原因也是觉得大部分都做得太干硬，嚼得牙疼……按这个做法做出来的牛肉，牙齿毫无压力。但如果你本来就喜欢更干爽、有嚼头的牛肉，可以把油温和火力再调高一点。

　　将炸过 5 分钟之后的牛肉片放到笊篱里面沥掉多余的油分。不需要担心牛肉太过油腻，因为牛肉本身吃油的程度是有限的，所以不会太油。不过炸过牛肉的油要倒掉，因为里面有很多牛肉析出来的血水和酱汁，所以无法重复利用。

④ 焖牛肉

炒锅洗干净,重新倒入大约 2 瓷勺的油,烧热之后转小火,把姜片、蒜瓣、花椒粒炒出香味。然后再放入干辣椒段,也炒出香味。

花椒粒和大蒜都很容易糊,注意火候不要太大。而干辣椒比其他配料更容易炒糊、炒黑,所以我会稍晚些再放入干辣椒,要注意这个顺序。

倒入炸好的牛肉片和刚刚好没过牛肉片分量的清水,加入白糖,用中火慢慢焖。这一步是为了把牛肉片再焖煮得软一点。另外,如果最开始给牛肉"码味"的盐分比较准确,这一步基本上不需要放盐了,也可以根据个人喜好再调整咸度。

焖 上 10~15 分钟,汤汁完全收干之后,关火、撒入香菜段拌匀就可以出锅啦! 香菜不适合加热时间太长,不然蔫得厉害。所以建议先关火再放香菜,利用余温拌炒一下就好了。

不干、不硬、不柴、不塞牙,也不会软烂到没有口感,吃起来愉快得很! 必须配上一杯冰啤酒。

万能吃货们的评论:

看到推送后就决定试做，全家都爱吃牛肉，就去买了两斤牛腱肉，最后里面的香菜和蒜瓣都被挑干净了。

@Linda

中午尝试了一下，很成功！不费牙，不咸，秒空盘！

@GD

真的简单又好吃！当零食也赞啊！只做了一点，家人完全没吃过瘾。

@熊瓜皮

番茄牛腩: 牛腩先煎再红烧

我们在炖各种肉的时候，当然希望最后得到的是味道浓郁的成品。而让菜肴味道浓郁都有什么办法呢？一是选适当的食材，同样是牛腩，肉多的一定会比肉少的味道要浓郁。所以炖汤的时候要选肉多的牛腩，否则本身肉味就有限，分散到汤里之后就会觉得很寡淡（具体做法可以参照汤水章节中的"萝卜炖牛腩"）。二是在做法上，仍然是牛腩，如果要做的是番茄牛腩或红烧牛腩的话，就可以用减少水量和先煎再红烧的办法，让食材的风味得以更完整地保留，并且放大风味。

原料:

1. 爽腩（筋多的牛腩）约 500 克（关于不同类型的牛腩如何选择，可以参考汤水章节中的"萝卜炖牛腩"）

2. 中等大小的番茄 2 个，另外需要大约 200 克的番茄罐头

3. 老姜 1 块、八角 1 块、桂皮 1 小块、花椒约 10 粒、香叶 2 片

4. 盐约 1 茶匙，根据个人口味和食材的分量决定

在番茄炒蛋里出现过的番茄罐头，在这道菜里面也用上了，作用仍然是让菜肴的酸甜口味更加浓郁。

步骤：

① 炖牛腩

把整块牛腩放入凉水中煮沸，焯出血水之后冲洗干净备用。焯水后的整块牛腩，加 1 块拍碎的老姜、1 颗八角、1 小块桂皮、10 颗左右花椒和 2 片香叶，炖煮到软烂。

我用的工具是电高压锅，在烹饪过程中几乎是不丧失水分的，所以我只用了牛腩一半高度的水量。如果用的是其他铸铁锅、汤锅、砂锅或传统高压锅，炖煮时有可能流失水分，一般需要加入刚刚没过牛腩高度的水量。如果用普通砂锅或铸铁锅，在烧开之后转小火煮上 1 小时 40 分钟左右。如果用高压锅，就在"上汽"之后再煮 35 分钟左右。时间会比后文的清炖牛腩略长，因为这里选用的是筋多的部位，更难煮到软烂。

这一步炖好之后的牛腩是这样的：

浓郁的汤底，是完成这道菜的一碗宝贝，这就是所谓的"原汤"，鲜味都在汤里。不管是番茄牛腩、红烧牛腩，还是后面会提到的萝卜炖牛腩，都要整块牛腩一起入锅。这是因为牛腩如果在焯水后马上切块，肉汁会太很容易流失，而肌肉纤维也会有点"伸展不开"，口感有点柴。而整块下锅并且煮到软烂之后再切，就没这个问题了。这很重要。

② **处理番茄**

　　在番茄的顶部划上十字，扔到沸水里面煮 1~2 分钟，这时划了十字的部分的番茄皮都卷起来了。捞出番茄冲一下凉水之后撕去表皮，然后切成滚刀块。

　　如果有专门削软质食材表皮的削皮刀，也可以直接用削皮刀给番茄去皮。

③ **煎牛腩**

　　把第一步中处理好的牛腩捞出来，略微沥干一下水，在热油锅里两面煎一下，变成这样：

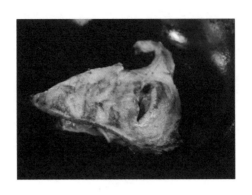

　　牛肉含有的油脂比猪肉要低，两面煎一下可以补充一点油脂，并且在风味上和红烧这种做法保持一致性，香气倍增！我仍然是整块一起煎的，如果切块之后煎，会觉得油有点过多。煎的时候要注意，把牛肉沥干一点，否则锅里容易溅油。

④　番茄炖牛腩

　　将煎好的牛腩切成块——切的时候如果能够保持每一块肉都有肉、有筋、有层次，就再好不过啦。然后把牛肉和番茄块、半罐番茄罐头一起煮上。看着所有食材在锅里翻滚，番茄慢慢出汁，和牛肉的味道渐渐融合在一起。

用中小火煮15~20分钟,等锅里的汤汁收到只剩大概2厘米的底时加盐,再烧1分钟,在食材的味道完全融合之后关火。最后番茄会变成糊状,而整锅肉都自带酸甜口感,非常棒。我喜欢多留一点汤汁,因为可以用来拌饭!

带筋的牛腩极其软糯,一边吃一边觉得嘴巴都要被糊住了,简直太美妙!

万能吃货们的评论:

怕溅油的童鞋,要采取把肉离自己远端放下的方法,具体操作就是提起肉,把肉下端放到离自己近的锅的那边,再让肉往离自己远的方向自然躺下,这样油就会往后溅而不会溅到自己身上了。

@诗园

nice!以前番茄牛腩做的方法和菜谱基本一样,唯一不同就是牛腩煎一下这步,又学了一招!

@Pluck-SH!TLIFE

第一口被惊艳到了,本来还想着吃不完要留到明天,结果反应过来时已经在舔盘子了。果真如你所说,软糯糊嘴,番茄出沙味道也特别浓郁。给菜谱点赞。

@天空海水blue

可乐鸡翅：先焯烫 30 秒再卤有惊喜

在我看来，可乐鸡翅堪称是最入门级、也最没有技术含量的菜了。多半是因为简单才做，而不是因为好吃。味道确实也说不上多么惊喜，可乐的甜度压倒性地战胜了其他味道。

有一次和朋友聊天，聊到写菜谱两年多，在公众号后台仍然看到很多搜索"可乐鸡翅"菜谱的读者，内心觉得有点无力感——实在是觉得这道菜没什么意思呐。朋友问我说："那你是瞧不起可乐鸡翅咯？""那不然呢，这不就是一个非常入门级的省事儿的菜吗？""你有没有想过，可乐鸡翅其实是一个基础的卤味配方。"

怎么说，突然就有一种柯南碰到了新线索的感觉。这么一说，我确实把可乐鸡翅想得太简单了。也是，在不敢说自己的可乐鸡翅做得多好吃之前，我有什么瞧不起人家的资本，不如好好去研究可乐鸡翅，这才是正经事，就和研究所有的家常菜一样。

原料：

1. 鸡翅 10 个，我用的是鸡全翅，你也可以只用翅中或翅根，依自己喜好而定

2. 600 毫升装可乐 1 瓶，不可以用无糖可乐代替

3. 八角 1 颗，桂皮 1 小块，香叶 2 片，陈皮 1 片

4. 生抽 4 瓷勺，没有用到盐，生抽就是咸味的来源

5. 老姜 5~6 片，蒜瓣 3~4 个，小葱 3~4 根扎成葱结

6. 红糖 20~60 克，60 克的版本偏甜，20 克适合口味不那么嗜甜的人

步骤：

① **处理鸡翅**

把鸡翅上可能有的多余杂毛、毛针或者黄色的脏东西都清理干净。

② **焯烫鸡翅**

一大锅水烧沸之后保持中火，每次焯烫 3~4 只鸡翅，焯烫的水温和时间需要特别注意，30 秒后就捞出来。

为什么焯个鸡翅要把时间搞得这么精确？正如前文"焯水到底要用凉水还是热水？"中所说，大部分需要给大块肉焯水的时候，会选择把肉凉水入锅，水煮沸之后，食材里的血沫也都随着煮了出来，去腥效果比较好，但是这是针对大块儿的、比较硬的、比较难熟的肉来说。鸡翅软嫩易熟，如果用这个办法来焯烫的话会煮老，在沸水中焯烫 30 秒就刚刚好。每次焯烫 3~4 只（也就是比较少量）的鸡翅，是为了保持水温不会一下子降低太多。

这个方法还会有一个意外收获，就是用沸水焯烫过的鸡翅，表皮会变得非常嫩滑。因为鸡翅的表面都是皮呀，鸡皮在高温状态下会软化得好像果冻一样，口感加分。

记住，沸水 30 秒，不要煮久了。

③ **煮卤汁**

可乐鸡翅容易煮得外面太甜但是里面不入味，这是因为卤汁的味道不够，那就先把卤汁煮入味咯！除了生抽和红糖之外，将其他所有材料一起入锅，这里面除了可乐外不需要添加其他液体，煮上 15 分钟，把香料的味道煮出来。

④ **卤鸡翅**

在煮好的简易卤水中加入生抽、红糖，和鸡翅一起煮。大火煮沸之后改中火，保持锅里一直在翻滚的状态，需要煮 20 分钟左右。

煮了一小会儿之后，会明显看到锅里冒出很大、很密集的气泡。刚放入鸡翅的时候可能会觉得汤汁都无法没过鸡翅，没关系的，煮起来就都能覆盖到了。

　　煮到 15 分钟左右的时候，气泡会慢慢变小，汤汁高度只剩 2 厘米左右，鸡翅也上色得比较好看了。因为每个人用的锅大小不同，同样的火力也可能造成汤汁蒸发速度不一样。做菜的时候不要太死板，如果觉得水分太少容易糊锅，可以以 50 毫升的清水为一个单位加入锅里，避免烧糊，但也不要加太多水冲淡卤汁。

　　再继续煮 5 分钟，气泡会变得更小，鸡翅油亮油亮的非常漂亮。

汤汁一收干就可以出锅了。注意，最后 5 分钟会非常容易糊锅，一定要勤翻动，人不要离开灶头。

琢磨了一下以前做的可乐鸡翅，基本上就是可乐加一点其他调料一煮到底。鸡翅常常容易煮老，而且外表太甜但里面不入味，这大概也是我不喜欢可乐鸡翅的原因。

而用这个菜谱煮出来的可乐鸡翅，确实和我以前做的完全不同！不仅没有上述的所有问题，而且鸡翅皮滑肉嫩，从里到外弥漫着香甜。高温下的糖有些焦化的效果，闻起来也香气十足。我得再一次承认，这么多年来我是小瞧了可乐鸡翅！

万能吃货们的评论:

这个卤汁真的真的超级超级好吃!而且,里面白色的肉,看起来没滋味,其实吃起来骨头都是卤汁的味道!

好吃到飞起!!!真的嫩嫩的而且很入味!!!跟我以前吃过的完全不一样!!!没心情用筷子了,全程手抓。

@樱桃有只大潘达

好入味好入味好入味啊!我的天哪!比我之前提前一晚上腌鸡翅还要入味!!

@Susie_syu

香菇木耳蒸滑鸡：蒸出嫩滑鸡块的小技巧

    蒸鸡块向来是我家传统的"不操心"菜式，提前一天把鸡肉腌制好，蒸之前把要搭配的干货也泡发。一边把锅里水烧开，一边用各种调料把食材拌匀之后就可以开蒸，开个定时器，中途完全不需要管它。而好吃的秘诀几乎只在于腌制鸡肉，调料放对了，蒸出来的鸡肉就嫩嫩滑滑的很好吃。

原料：

1. 鸡大腿（有些地方叫做手枪腿）1 根，300~400 克，剁成小块

2. 干香菇和干木耳，未泡发时的重量约 25 克，也可以换成自己喜好的其他干货

3. 腌制鸡肉用的调料：老抽 1 汤匙、蚝油 1 汤匙、食用油 2 汤匙，可以根据自己喜好选用料酒或米酒 1 汤匙

4. 白胡椒粉一小撮，不喜欢的可以不用

5. 盐大约 1 茶匙

6. 老姜几片

7. 小葱 2~3 根，切成约 3 厘米的葱段

步骤：

① 腌鸡肉

鸡块洗净之后去皮，然后用老抽和蚝油抓匀，腌制半个小时以上，最好可以放到冰箱冷藏过夜。

鸡腿肉是肉质最嫩滑的部位，加入老抽和蚝油腌制之后再蒸，嫩滑的感觉会更明显。有些人不喜欢老抽，也可以换成生抽，那么后续用盐的分量就要稍微减少一些。我自己比较喜欢腌制的肉类稍微有点颜色，会感觉味道比较足。

② 处理配料

将泡好的木耳、香菇和鸡肉放在一起，再加入食用油、盐，撒上白胡椒粉一起抓匀，然后码上姜片。

去皮之后的鸡腿肉油脂比较少，如果想达到口感嫩滑的效果，在肉里加少许油是个不错的办法。但是如果保留鸡腿本身的鸡皮的话，动物油脂就有点不健康，蒸制的口感也不好，所以我建议替换成植物油。

③ 蒸鸡肉

水沸后上锅，用中火蒸 20~25 分钟就可以了，出锅的时候撒上葱段作为点缀。

"腌制过夜"是我特别喜欢的一种处理原材料的方式。对于大部分肉类食材来说，可以让口感更嫩滑；对于需要比较长时间入味的食材，腌制过夜可以保证足够入味；而对于忙碌的上班族来说，前一天晚上做好一些食材的准备工作，第二天不管做哪一顿饭，都显得没那么忙乱，特别喜欢这种规划好一切的感觉。

常见的干货如何泡发？

我见过有人用沸水来泡发木耳，泡发后的木耳肉质明显过于软烂，完全失去了应有的脆度。也见过有人在做饭前半个小时才急匆匆地泡上腐竹，入锅的时候腐竹还有一半的硬芯。不同的食材应该用冷水、温水还是热水来泡发呢？不同的食材泡发时间又分别需要多长呢？这其实也是厨房新手比较容易迷惑的问题。总结一些常见干货食材的泡发方式，供你参考。

① 干菌菇类，比如香菇、冬菇、木耳、银耳、竹荪、口蘑等

　　香菇或冬菇都最好选择肉厚、有明显香味的，我一般用凉水或温水泡发三四个小时后再清洗掉沙子。如果用温度太高的水的话，泡发速度会比较快，但是容易泡得过软。香菇或冬菇泡发后的水都比较香，如果用到它们的菜式里也需要加水的话，不妨就加入这个泡发后澄清的水，香气更足。

　　木耳、银耳也是类似的，在清水里泡发 2~3 个小时后摘掉蒂部，清洗掉多余的泥沙备用。泡发后的木耳或银耳，质地应该是柔软润滑的。

　　竹荪质地松脆，一般只需要用热水泡发 3~5 分钟就可以了。而原产地在北方的口蘑是一种比较特殊的菌类，味道极其鲜美，但是泥沙特别多。一般需要用沸水焖发 1~2 个小时，然后不断朝同一个方向搅拌，把可能有的泥沙全部"打"出来，才算清理干净。

② 干海味类，比如虾米、干贝、鱿鱼、墨鱼、海带、紫菜等

　　虾米和干贝都是极鲜美的食材，干贝的泡发要注意"泡透"，在用冷水

浸泡 3~4 个小时后，加入料酒和姜片，上锅蒸约 2 个小时，干贝是完全松散的状态时才能用。蒸好后的原汤也非常鲜美，简直就是天然味精。虾米可以用凉水洗净之后泡发 1 个小时左右，也可以直接加少许凉水，上锅蒸 10 分钟。

不同菜系处理干鱿鱼和干墨鱼的手法可能有所不同，比如湘菜就会把干鱿鱼用加了食用碱的碱水来泡发，然后再反复清洗掉碱味。但这在家庭做法里就显得没那么适用了，我一般会用能没过干鱿鱼或干墨鱼的水量将其浸泡过夜，泡好之后的鱿鱼或墨鱼柔软有弹性。

海带的泡发就比较简单，用温水浸泡涨发，注意要多多换水来去掉原材料的咸涩味。紫菜不需要提前泡发，做汤的时候直接入沸水锅即可。

③ 各种笋干

笋干一般都是用清水泡发，根据笋干不同的厚度、大小来调整泡发时间。有些特别干硬的笋干类需要放入清水里煮沸，然后关火焖上 5~10 个小时，到笋干变得完全柔软才可使用。

④ 干杂粮或中式甜品的食材，比如莲子、百合、薏仁、干白果等

列举的这些食材一般跑不掉两种吃法：煮粥或者做甜品。用来煮粥的相对比较好处理，提前用清水浸泡几个小时或浸泡过夜都是可以的。

如果做成甜品的话，因为烹饪时间不一，我会建议提前把食材处理到位。这个时候更推荐用"蒸发"的方式来处理：用清水浸泡几个小时后，洗净放入容器，再加入清水，蒸制 15~20 分钟，最后再放入清水里浸泡备用。

栗子烧鸡：鸡肉够嫩，栗子软糯

　　淀粉和肉的搭配没有人会不喜欢的，渗透了油脂的淀粉质食材每每比肉要更抢手，栗子烧鸡里的每一颗栗子、蒸排骨下面垫着的芋头或红薯、烧牛肉里的那块土豆，都是这一类菜式的典型代表。来到北京生活之后，因为北京油栗的出色，对栗子烧鸡这道菜简直更喜欢了，软糯的栗子吃得完全停不下来，是每年秋冬栗子上市后的最爱家常菜。

　　关于栗子烧鸡的做法我也见过很多种，而我喜欢的口感是鸡肉够嫩、栗子软糯，同时鸡肉和栗子的味道还要完全融合起来，下面这个做法便可以达到。

原料：

1. 鸡大腿（琵琶腿）1 根，300~400 克，剁成小块

2. 栗子 15~20 颗，虽然栗子好吃，但是也别贪心放太多了，食材的比例要掌握好

3. 老姜 3 片，小葱 2 根切成葱段

4. 腌制鸡肉用的调料：老抽 1 瓷勺，蚝油 1 汤匙

5. 盐约 2 茶匙

步骤：

① 腌鸡肉

　　鸡腿不去皮，剁成块之后用老抽和蚝油抓匀腌制半个小时以上，最好可以放到冰箱冷藏过夜。

　　在前面香菇木耳蒸鸡的做法里把鸡腿去皮了，但是栗子烧鸡没有去。这是因为两个菜式的风格比较不同，蒸鸡块口味比较清淡，而栗子烧鸡则需要多一点的油脂让栗子的风味更饱满，所以采用了不同的处理方式。

② 处理栗子

　　将去壳去皮后的栗子放入炒锅里用半煎炸的方法略过一下油，让它稍微定个型，这样在焖煮的时候不容易煮散。

　　每年到了秋冬季节，北京的菜市场里就会有剥好壳的栗子卖，偷懒的我一般都会直接选用这种原料。如果是自己剥栗子的话，在栗子壳上划一刀，然后放入清水里煮 10 分钟，会比较好剥壳。可是由于栗子已经被煮过，剥出来的时候就很容易碎，在焖煮的过程中也难免不成型，会影响卖相。所以我会选择买半成品，剥壳也实在不是一件让手指甲愉悦的事情。

　　栗子过油到表面有点金黄就可以了，盛出来放到厨房纸巾上吸掉多余的油分备用。

③ 栗子烧鸡

　　倒掉锅里多余的油，只留一些底油即可。保持中火，爆香姜片，放入鸡块炒至表面焦黄之后，放入刚刚处理好的栗子，倒入没过食材的水，用中小火慢慢焖煮。

因为喜欢栗子和鸡块味道完全融合的感觉，所以不喜欢把栗子提前蒸煮到完全熟透。用熟透的栗子和鸡肉一起焖煮的话，入锅的时间一定会比较晚，融合程度肯定会差一些。

在锅里的汁水快收干时放盐调味，再焖煮 1~2 分钟收干汤汁，加入葱

段点缀就可以了。

　　栗子本身就是淀粉质食材，汤汁在收干的过程中简直有天然勾芡的效果。特别喜欢看裹上汤汁的鸡肉和栗子，是那种油光发亮的有食欲的好看。家常菜吸引人的色香味，就是体现在这些地方。

红烧刨盐鱼：
用好多盐来腌鱼，就有"蒜瓣肉"了

我有时候和非湖南籍的朋友们聊湘菜，发现大家对于湘菜的第一印象多数是"剁椒鱼头"。剁椒鱼头当然是好吃的，尤其是入口即化的鱼云（鱼脑髓）。但是它不算是那么家常的菜，鳙鱼头个头太大，蒸的时候需要旺火，家里做得还是少一些。而湖南地区更常见的家常鱼做法，应该是"刨盐鱼"。

刨盐鱼也许也叫作"爆腌鱼"或"抱盐鱼"，从做法上来看，"爆腌"两个字还是蛮合适的，因为用了大量的盐去腌嘛。但是"刨盐"两个字好像看到得更多，有点从盐堆里挖出来的即视感。这种做法应该来源于没有冰箱这种保鲜设备的时期吧，劳动人民的智慧造就了这么一道好菜。经过大量盐腌制后的鱼肉，形成了美味的"蒜瓣肉"口感，好吃得不行！

原料：

1. 草鱼 1 条，选用 1000 克以内大小的

2. 盐大量，比例大约是每 500 克鱼用 25 克盐，花椒十几颗

3. 大蒜 4~5 瓣拍碎，老姜 3~4 片，小米椒 3 根切丝（怕辣的可以省略）

4. 老抽不到 1 瓷勺，香醋 1 瓷勺

5. 青蒜 2 根，斜切成马耳朵形状

步骤：

① **片鱼**

　　把草鱼去头去尾，用比较锋利的刀，从任何一侧开口切起，顺着脊骨一直切，最后片成两大片鱼肉和中间剩下的鱼骨头。鱼骨头在这道菜里用不着，不过可以留着熬汤。

② **腌鱼**

　　片好的鱼肉洗净之后打上花刀，用盐和花椒来腌制。所谓的"刨盐鱼"，就是用大量的盐去腌制鱼，这是它的灵魂步骤。

　　我习惯使用的盐和鱼肉的比例大概是 500 克鱼配 25 克盐，花椒十来颗就好。如果你懒得称量，可以试试在鱼肉的一面撒满薄薄一层盐，翻面再撒满一层，然后反复一次，差不多就是这个分量。腌过的鱼肉后续会冲洗，所以不会太咸。但是如果你对用大量的盐有点儿发憷，担心成品太咸，那我建

议你减半试试看，问题不大。

将腌上的鱼肉片一层一层码好，盖上保鲜膜放入冰箱冷藏 2 个小时以上就能用了，有很多餐馆会放置 24 个小时。腌制的时间长短会直接影响鱼肉的紧致程度和咸度，我自己还是比较喜欢腌制 4~5 个小时的口感，你也可以自己试试看。

我小时候有点不太理解，为什么用盐腌过的草鱼，肉质就会像鲈鱼、鳜鱼这种天生丽质的鱼类一样出现蒜瓣肉呢？后来发现，用盐腌制了半天之后的鱼会析出很多水分。流失掉相当水分的鱼肉肉质会变得紧致很多，口感确实更好了。

③ 洗鱼

将腌好的鱼用流动的清水尽量冲洗干净，去掉多余的盐分，然后用厨房纸巾反复擦干。反复擦干很重要，尽可能让鱼皮表面保持干爽，后续煎鱼就不容易破皮，千万不要吝惜厨房纸巾。

④ 煎鱼

　　在平底锅里放入 3~4 瓷勺的油，烧热到微微有点冒烟，把带鱼皮的一面朝下，中火煎到鱼皮焦黄，需要 2~3 分钟。

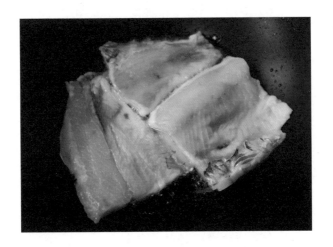

　　在鱼片可以轻易在锅里滑动的时候，翻面再煎另外一面。不要太快翻动鱼身，是保持鱼皮完整的另一要素。

⑤ 红烧

　　把煎好的鱼拨到一边，利用锅里的油爆香姜、蒜、辣椒，然后加入没过鱼肉的清水，和老抽、香醋一起用中火烧入味。冲洗过后的鱼仍然有咸味，基本上不需要放盐了。

　　我喜欢把汤汁焖煮到还剩一半的时候加入青蒜，然后出锅。足料又入味的刨盐鱼，刚出锅的时候是这样的——毫不掩饰的满满配料，把鱼肉都盖住了。

　　拨开配菜看看鱼肉，不管是蒜瓣肉的肉质，还是先煎后烧的、软软的、满满胶原蛋白的鱼皮，都好吃得不行！

万能吃货们的评论:

　　我服我服！大写的服！在青蒜长得不怎么好的时候，我们家也会放青辣椒，切成细丝放在里面，辣椒被鱼汤那么一泡，简直好吃！每次能干好多饭。

@蔚小黯

　　婆婆家这边买回来的大鱼，鱼肉都是这么处理，用盐腌制后，要吃的时候拿几块出来洗洗干净后清蒸就好了。第一次吃到的时候惊艳啊。吃完的汤汁放冰箱凝固后的鱼冻更好吃。

@nana

　　真的非常好吃！连续做好几次，每次换配菜，都被好评。我家挑剔鬼说草鱼竟然这么嫩这么好吃，见鬼了。

@miru

葱烧鱼：一斤鱼配四两葱，"煏"出醇厚香气

某个周末翻闲书，看到有食家评价"葱烧鱼"这道菜的时候，说了一句："一斤鱼需葱四两"。

然后，就没了。

嗯，没了。他认为这道菜的关键点就在于此，就这样浅浅地挠了一下痒痒……比起告诉我这么烧鱼有多香、多好吃，简直更能激发人的好奇心。那还有什么好说的呢，马上去买菜，按这个比例做个红烧鱼！

原料：

1. 小鲫鱼 2~3 条，加起来大约 1 斤出头

2. 小葱 200 克，老姜 3~4 片切丝

3. 腌鱼用的老姜若干片，盐大约 3 茶匙

4. 老抽半瓷勺，生抽 1 瓷勺，白砂糖 1 茶匙

5. 料酒约 100 毫升

6. 也可以根据个人口味决定是否再加盐，我觉得咸度已经足够了

步骤：

① 处理鱼

　　把鱼清洗干净之后打上花刀，撒少许盐，码上姜片，腌制 15~30 分钟。我一般会请卖鱼的摊贩帮忙收拾鱼，拿回家之后再把鱼肚子里清洗干净，尤其是黑膜要刮掉。

　　给鲫鱼打花刀的时候，用菜刀斜斜地以 45 度角切入，切大约 1 厘米左右的深度，每一面都这样切上 3~4 刀。为什么要斜着切入？因为如果从垂直方向打花刀的话，在煎鱼的过程中肉容易翻起来，看起来就没那么美观了。

　　把每一条处理好的鲫鱼，两面都薄薄地撒上一层盐，盖上保鲜膜放到冰箱冷藏柜，腌制 15~30 分钟。用盐腌鱼有两个好处，一方面可以让鱼肉再析出一些血水，另一方面也有利于淡水鱼形成"蒜瓣肉"的质感。这和"红烧刨盐鱼"的做法是一致的。

② 煎鱼

　　煎鱼的技巧处处通用，仍然是把腌过的鱼用厨房纸巾尽量尽量尽量擦干，让鱼身保持比较干爽的状态。在平底锅里放大概 3 瓷勺油，烧到微微有点儿冒烟的程度，再放入鱼。中火煎到鱼的一面变得焦黄，大概需要 2~3 分钟，翻面再煎另外一面。

但因为用来腌鲫鱼的盐并不多，所以不需要清洗掉，直接用来作为调味的咸度就可以了。腌过的鱼会析出一些血水，一定要把鱼身尽量擦干，这非常重要，这样鱼皮才不容易粘锅。煎鱼的油温一定要够热，有利于鱼皮定型，油烧得有点儿冒烟的程度就差不多可以放入鱼了。鱼入锅之后也不要太快翻动，让一面鱼皮定型之后再翻面煎另外一面。判断的标准是，轻轻晃动锅子，感觉到鱼身可以轻易地滑动，就可以翻面了，不要心急。

看，这鱼皮多完整。

③ 烧鱼

说是烧鱼，其实这个做法有点儿类似于宁波地区常见的"煏"，用小火、长时间地烧，最后收浓汤汁。

把煎好的鱼拨到锅的一边，腾出一块儿地方爆香姜丝。

　　加入洗净并且切成长段的小葱，然后把所有的调料都加进去，包括料酒、老抽、生抽、糖，再补入一些清水，最后的汤汁差不多刚刚好没过鱼肉。

　　烧沸之后转最小火，慢慢地"熻"上半个小时到 40 分钟。熻到青翠的小葱变黄，葱香逼入鱼身。

㸆到汤汁还剩 1 厘米左右高度的时候，关火起锅。不需要完全收干，稍微留一点汤汁，拌饭特别香。

长时间的烧制，使小葱和调料的风味完全浸入鱼身。而鱼皮的胶质微微融化，吃起来有一点粘嘴的感觉。融化后的胶质也有自带的勾芡效果，汤汁紧紧裹住鲫鱼，从里到外味道都相当醇厚。

更别提有多香！一斤鱼配四两葱果然不是盖的，葱比鱼更好吃。

万能吃货们的评论：

宁波人特来留言：我妈做这个的手艺是从她外婆手里传过来的，葱放得更多（我就是主要负责吃葱的），另外关键是鱼一定要炸透，这样好吃的汁水才能完全入味。另外听同学说他爸爸做的时候往鱼肚子里塞猪肉末，也很好吃。

@汪婵红

宁波人表示，㸆完的葱特别好吃！非常香！下饭一流！

@水母 Estela

今天用了三条野生鲫鱼（三条一斤多点）烧了，吃得好过瘾，下次再多点放葱。

@解语

焗梭子蟹：不需要加水，就让原汁鲜掉眉毛

你一般会怎样做海鲜？炒？蒸？煎？烤？煮？这些常见的海鲜做法听起来都很好吃，不过总有点担心火候、调味之类的各种问题。万一煮老了怎么办？应该怎样翻面？鱼皮怎样煎才不会破？什么样的海鲜应该用什么做法？纠结死了。

我觉得对于新手来说，最方便省事儿、又不容易出错的一个海鲜做法是"焗"。几乎不需要厨艺基础，成品又很能摆得上台面。焗的做法基本适用于鱼、虾、蟹、贝等各种海鲜，不容易出错之余调味也很简单，发挥余地还大，分分钟觉得自己变成海鲜专家。以及焗和海鲜简直就是绝配，利用少许调料和食材本身的水分来吊出食材的鲜美原味，再任意加上你自己喜欢的调味料，做出最符合自己口味的焗海鲜。

我用梭子蟹的做法来举个例子，不放水，完全靠汤汁和蒸汽来焗熟它们。最大程度地保留了梭子蟹的原味，吮吸一块蟹肉，可以感受到最原始的鲜甜。

原料：

1. 活梭子蟹 3 只，1000 克左右，斩成大块备用

2. 老姜几片，葱段少许，蒜 2 瓣切碎成蒜末

3. 以 3 只梭子蟹的分量来说，用的主要调料是生抽 2 汤匙，台湾米酒小半碗。生抽已经有咸味了，基本不需要放盐，台湾米酒酒味淡、不刺鼻，是我喜欢用的去腥调料，不方便买的话也可以选择料酒或其他度数比较低的酒类来代替。

选梭子蟹的时候有个小诀窍，就是注意看梭子蟹两侧尖尖的凸起部位，如果这个地方的壳能够透出里面饱满浓郁的黄色，那么这只梭子蟹的蟹黄就会比较满。蟹腿的关节处也值得观察，肉质饱满的梭子蟹，蟹腿关节透光度就没那么高。

步骤：

① 处理所有材料

梭子蟹斩成大块，在密封性比较好的锅里均匀铺开一层，为了让它们受热均匀，请尽量不要堆砌。用姜片、葱段、生抽和米酒腌制 15 分钟左右。

这些都是基本的腌制调味料，你当然可以随意发挥，比如加点儿洋葱丝或红葱头，花椒粒或干辣椒段。原味的、麻辣的、辛香蔬菜的，都可以。我

用的是铸铁锅，食材能铺得比较开，密封性也好，食材的原味不容易流失。用砂锅也可以，密封性不够的话可能会需要加一点水。如果锅太小让材料堆砌起来了，需要在烹饪的过程中多翻动几次让它均匀受热。

② 焗蟹

直接把腌制好的梭子蟹连带腌制的调料一起放到火上煮，暂时不需要另外加油或水。中火煮到锅底的调味汁沸腾之后，盖上锅盖小火焗 15 分钟。焗的时间取决于材料的多少和容器的密封程度，材料比较少并且受热比较均

匀的话，需要的时间就短一些。

③ 淋明油

梭子蟹焗好之后，另起一只炒锅，热锅冷油小火爆香蒜末，然后把蒜油淋到梭子蟹上面，增加一点色泽和油香。爆蒜末的时候要注意必须热锅冷油、过程中保持小火，否则蒜末会非常容易糊。这一步最好不要省，点睛作用太明显。在海鲜出锅以后淋个明油，可以让成品加分不少。

我做的是葱姜原味的焗海鲜，淋个蒜油会比较搭。如果你做的是麻辣口味，最后当然可以淋1勺花椒油，花椒香味和麻味会更足，色香味中的后两者也会呼应得更好。

做法是不是很简单？选用能方便买到的鲜活海鲜，虾、蟹、鱼、贝都可以这么做。处理大虾最好能剖开虾背，鱼最好能在表面打上花刀，这些处理方式都能让食材更入味，要吃得鲜美，但是味道也不能寡淡嘛。

还可以变化调味，用花椒来焗梭子蟹。用到了梭子蟹3只，老姜几片，花椒十几颗，鱼露半汤匙，台湾米酒半碗，鲜美得不得了！这是参考了近年来潮汕地区流行的"花椒焗膏蟹"的做法，花椒可以完美地烘托出蟹肉的鲜甜。调味极简，但成品意外地出彩。

麻辣小龙虾：自己炒出足料的喷香锅底

　　一到夏天的周末晚上，我就完全不需要操心菜单，炒田螺和麻辣小龙虾轮流上就行，冰箱再常备几罐啤酒，妥妥抓住家属的胃。你说做麻辣小龙虾好像很难？在我看来简直比清炒土豆丝还简单，土豆丝还考验个刀工火候什么的，麻小可没门槛啊！只要香料够出味、小龙虾都熟透且入味，就妥妥的了！

原料：

1. 小龙虾约 1000 克。我们家的炒锅是 30 厘米的，两斤的分量已经达到极限了，再多就翻不动了，如果家里锅太小又想一次多做一点的话，可以把小龙虾的头去掉

2. 八角、桂皮、草果、香叶、肉豆蔻、花椒、白芷、沙姜等各 1～2 颗，不认识这些香料也没有关系，到菜场卖调料的摊位每样抓一点，或者直接在超市买一包炖肉料

3. 大蒜 1 头，剥开之后略拍一下，老姜几片

4. 干辣椒 1 小碗，豆瓣酱约 2 瓷勺，带沉底辣椒面的辣椒油 1 瓷勺，这个材料配比会比较辣，不太能吃辣的人可以适量减少一点，用这么多种辣椒不止是为了增加辣度，而是它们有些能出干香味、有些能出红油，综合起来味道会更丰富

5. 老抽 2 瓷勺，生抽 2 瓷勺，香醋 1 瓷勺，盐和鸡精各半瓷勺到 1 瓷勺，具体分量在步骤里面说明

6. 紫苏叶子 1 碗，有的话会很加分，去腥提味效果很好

7. 啤酒 1 罐，清水适量

步骤:

① 清理小龙虾

　　洗小龙虾的时候要抓住小龙虾头部后面类似"咯吱窝"的位置,这样基本上就不会被夹到了。用旧牙刷反复刷干净,然后揪住虾尾的中间一瓣,轻轻掰断那一瓣的壳,直接往外面扯出虾线,1只小龙虾就处理好了。注意掰壳的时候不要太用力,免得直接把虾线揪断了。

② 炒底料

　　不管是小龙虾、麻辣香锅还是火锅,任何想在家自制的重口味菜,炒底料大概都可以这样做。按先后顺序炒香以下配料:耐高温的(譬如各种干香料、姜片和整颗的蒜头)——高油温下容易糊的(譬如干辣椒、香叶或蒜片)——不耐高温并且有点容易粘锅的(譬如豆瓣酱)。

　　就这样按顺序炒,油要多一点,保持中火就好,每一步的配料都炒出香味再放下一步需要的配料。

③ 炒小龙虾

底料炒香了之后，把小龙虾放进去，一边放一边翻炒，在每只小龙虾都稍微过了一下油之后，放啤酒、老抽、生抽、带料的辣椒油、盐、鸡精和适量清水，盖上锅盖用中到大火焖煮 8~10 分钟。

小龙虾要尽量翻炒到每只都过到油之后再煮，会比较香。放啤酒煮可以让小龙虾的肉质更鲜嫩，也有一点去腥作用。我有时候也会用台湾米酒来代替，但是更偏爱啤酒的效果。我一般把液体部分加到小龙虾 2/3 的高度，先放啤酒，不足的地方用清水来补。把液体加到没过小龙虾当然没问题，但是这样的话可能各种调味料的分量都要相应增加，我觉得会比较难把握调味的分寸，有一种使劲儿放盐都不咸的痛苦。

最后盖上锅盖能帮助液体没没过的小龙虾熟透，中途也可以时不时翻动一下让它受热均匀。调料中盐和鸡精的分量是根据液体的分量来加的，没办法说得太准确，做的时候多尝一下汤底的咸淡就行。

焖煮中的小龙虾，各种调味料都入味入味入味，虾壳慢慢地红透。

出锅之前加一把紫苏叶子，淋一勺香醋就可以了。香醋并不会让汤底变酸，只是有点提味的效果。

步骤被我说得有点繁琐，但是真正做起来你会发现简直不能更简单了。调味咸一点淡一点问题都不大，可以通过汤汁来调整。超过瘾的夏季晚餐或宵夜，自己做最方便，出去吃又热又要等位，多麻烦呀。

万能吃货们的评论：

我家做小龙虾，会用提前熬的一锅骨头汤来代替清水，那样吃完小龙虾的汤汁真的可以用来下面条了，好香。

@陈铭

同是"荆兰人"表示我们家做的时候会把虾头去掉只留下钳子！去掉虾线之后会用剪刀把背壳从尾巴虾线那个洞到头的位置剪一道缝，这样煮起来更入味！

@comein

很赞，不过全部用啤酒不加清水效果应该会更好，可以适当加点冰糖，潜江正宗做法是虾头前部分要去掉，中间背部要开口，虾钳尖尖也要剪开的。

@UCC 陈远大

汤水

吃饱了还得喝足

冬瓜丸子汤：揉一颗软嫩的肉丸子

　　小时候经常在家吃到一些家常的快手汤水，食材来得容易，大多也不需要久炖。榨菜肉丝汤、番茄鸡蛋汤、老姜肉片汤，简单的荤素搭配再加上一碗水同煮，就是清清爽爽的一碗好汤。尤其适合夏天，准备晚餐的时候先煮上一碗简单的汤水，等其他的小炒也炒好之后，汤水也晾凉到了适宜的温度，入口清爽不腻，舒服得很。

原料：

1. 冬瓜约 500 克，去皮后切成约半厘米厚度的片

2. 肉馅约 250 克

3. 肉馅调料包括：水 2 汤匙，淀粉 1 茶匙（一般选用绿豆淀粉或玉米淀粉，不可以用红薯淀粉），盐 1 茶匙，蛋清半个，水 1 汤匙

4. 汤里调味用的盐约 2 茶匙

5. 清水 1 小碗备用

6. 老姜 2 片，切姜丝

7. 小葱 2 根，切葱花

煮冬瓜丸子汤，最有技巧的一步就是揉肉丸子，有个口诀叫"一水二盐三蛋白四淀粉五水"，指的是肉丸子里放入调料的顺序。先慢慢加水让肉"吃饱水"，再加入盐让肉馅更容易搅拌起胶。蛋白可以让肉质更有弹性，而淀粉可以让肉质更滑嫩。尤其肉丸子需要在高温中煮熟，如果少了淀粉的保护，难免会觉得口感发柴，这个配料绝对不能省。最后再加一次水，让肉馅和所有的食材融合得更好。

步骤：

① 揉肉丸

一般刚绞好的肉馅颗粒感都比较强，我习惯再剁细一点。然后按上面说的要点，在肉馅中一步一步加入水、盐、蛋白、淀粉和水。在第一步和最后一步加入水的时候尤其要注意，肉馅"吃水"是需要一个过程的，如果一下子加太多就会"泄了劲儿"，要少量多次地加，1 汤匙的水我会大概分作 2~3 次加入。

搅拌好的肉馅大概会是下图的状态，整体非常粘，黏稠感很强。

把揉好的肉馅儿从虎口处挤出来，铁勺舀一下就是一颗肉丸子。

② 煮肉丸

在凉水中放入挤好的肉丸，中火煮开，一直到肉丸浮上水面，捞出备用。

沸水煮肉丸当然更快、更方便定型，可能很多人会习惯烧开一锅水，一边烧着一边挤肉丸，挤一颗出来马上扔到水里。我对比了用冷水煮和沸水煮的两种肉丸，冷水煮的明显肉质要更鲜嫩，而沸水煮的肉丸最外层的口感容易发柴，里面也不容易熟透。

③ 煮汤

炒锅里倒入大约 1 瓷勺的油，烧热后炒香姜丝，倒入冬瓜片略翻炒之后，加入没过冬瓜片并且高出大概 1cm 高度的清水。等锅里的水煮沸之后加入肉丸再次煮沸，看冬瓜片都变得透明了之后，加盐调味即可。

出锅后在碗里撒入葱花，就是一碗又清爽又有滋味的冬瓜丸子汤。

其实细想起来，虽然这是一碗再普通不过的家常汤水，可是现在也很少能喝到了。可能因为在一线城市工作之后，下班回家的时间总是太晚，很难提起兴致现揉几个肉丸子来煮汤。或者可以改变一些流程，在前一天晚上把肉馅拌好放到冰箱里冷藏，第二天直接从煮肉丸子的那一步开始，也还是蛮不错的，想想办法总能回归到自己想要的家常。

麻油猪血汤：先把猪血煎香

在我小时候的记忆里，麻油猪血汤更像小吃而不像家常汤水。湖南很多小吃店里都有这么几碗亦汤亦食的小吃：麻油猪血汤、百粒丸、荷兰粉，食材简单易储存，做起来也方便。后来离开湖南来到北京之后，因为想念家乡菜，经常会把一碗鲜香微辣的麻油猪血汤端到餐桌上。

原料：

1. 猪血 1 块，350~400 克，切成 0.5 厘米左右的厚片，也可以用鸭血代替

2. 老姜 2~3 片，切丝

3. 老坛酸菜 1 汤匙

4. 盐约 1 汤匙（根据你自己的口味决定）

5. 韭菜 3~4 根，切成约 3 厘米的段

6. 芝麻油（香油）约 1 茶匙

步骤:

① **炒香配料**

　　锅里放大约 2 瓷勺色拉油, 烧热之后倒入姜丝和酸菜, 炒出香味。

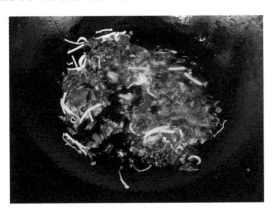

② **煎猪血**

　　煎猪血是比较关键的一步, 因为猪血多少有点儿腥味, 需要用油煎一下, 能够提升猪血的风味, 煎到猪血两面都变色就可以了。

③ 煮汤

倒入没过猪血的清水，煮沸后加盐调味就可以出锅了。

盛入碗里之后再滴上几滴芝麻油，汤底微微有点酸辣，是一道非常开胃的快手家常汤水。

排骨藕汤：选一枝好藕，绵软得不行

排骨藕汤，大概是秋冬季节我最爱的家常汤水。在武汉读书的时候，当地盛产湖藕，大街小巷的餐厅都少不了一道排骨藕汤。其实只要藕选对了，配的排骨足够有油水，炖的时间足够，藕汤出来的味道就对。

问过一些湖北的朋友，湖藕上市的时间一般是在中秋后到清明节前。不过一般过完年，外地就不太容易买到好藕了，产地倒是还有的。湖藕刚上市的时候也不是最佳状态，淀粉感觉不够多，怎么煮都不够粉。从 11 月之后一直到过年，藕就比较好了，一直处于质地够粉、藕丝也不会太多（藕丝多了就老）的状态，简直每个礼拜都可以来一锅。

湖藕和排骨是标准搭配，光炖藕是不好喝的，没有油水，单一淀粉质不够香。我喜欢配一根棒骨来煮汤，比脊骨来得肥一些，油脂够足。肉虽然比脊骨少，不过不要紧，炖好的汤里，藕才是重点。

原料：

1. 手掌长度的九孔湖藕 1 根，约 700 克
2. 棒骨 1 根
3. 老姜 1 块、八角 1 颗、桂皮 1 片，香叶 2 片
4. 盐约 1 汤匙（根据你自己的口味决定）

湖藕的产地很多，我知道的就有蔡甸莲花湖、仙桃沔城莲花池等。在外地买湖藕，产地肯定是说不清楚了，不过有一个比较好的分辨方法：尽量买九孔藕，比常见的七孔藕更好。有一年甚至在阳历 3 月底的时候，我也靠这个小技巧选到了品质不错的粉藕。

步骤：

① 焯水

棒骨在凉水中煮沸，焯去血沫洗净备用。

② 切藕

湖藕切成滚刀块。所谓滚刀块，是让刀和食材的夹角呈大约 45°，然后把食材滚动着切出形状。这样切出来的大块食材横截面大、好入味，而且在锅里也不那么占地方，在红烧、焖煮、炖汤等很多烹饪方法中都用得到。

处理藕块的时候我喜欢不去皮，煮好的排骨藕汤会有淡淡的肉粉色，"入味"感更强。

③ 煮汤

把藕块、焯过水的棒骨和除了盐之外的所有配料一起放入高压锅中，加入没过食材的水，在高压锅"上汽"（锅里的水沸腾）之后，再压 20~25 分钟。

各家的高压锅压力不同，现在市面上常见的高压锅压力是 70pa 左右，压上 20~25 分钟就差不多了。少部分高压锅的压力能达到 100pa，压上 15 分钟就够了。还有一部分高压锅的压力只有 40pa，那就需要再延长 10~15 分钟，说实话这种高压锅的作用真的不大，建议换一个压力更大的。

高压锅能够缩短排骨藕汤的炖煮时间，非常方便。不过要是没有也不要紧，用普通汤锅煮沸之后转小火炖上 1 个小时，一样好吃。

如果用高压锅把藕块和排骨快速压到软烂，我会把压好的汤水整个倒入普通汤锅，再煮上 10 分钟。高压锅虽然速度快，可是因为锅里的汤水不太流动，难免觉得食材的风味和汤水的融合度不太够，可以多加这么一步。

炖好的排骨藕汤，一定要先夹上一块藕咬下去。别看外形没什么变化，吃起来却像栗子一样绵软，真是香糯得让人欢喜。

萝卜炖牛腩：牛腩要整块炖才软烂多汁

选一块好牛腩和炖一块好牛腩，真是吃肉届非常重要的两件事情。要选出合适的牛腩，还得炖得软烂够味，不容易。

爱吃牛腩的香港人，是这方面的行家。不管是茶餐厅就有的一碗清汤腩，还是鼎鼎有名的老字号"九记牛腩"，都把牛腩这个部位做得十分到位。但是北方的大部分菜场没有分得那么详细，我大概对应一下两地的叫法，下图里的这一块是"肉多的牛腩"，广东、香港地区称之为"坑腩"。特色就是肉多筋少，肉味会比较浓，适合拿来煮汤。是的，肉的多少其实和汤味的浓郁程度正相关，这在哪个汤类菜谱里都适用。

而另一块则是"筋多的牛腩"，广东、香港地区称之为"爽腩"。肉少筋多，肉味相对没有那么足，但是筋的部分口感爽脆有韧性。

两者对比一下，是不是很明显。

所以呢，结论就是如果要煲汤，建议选择肉多的部位。如果是红烧类的做法，可以选择筋多的部位。当然，这也取决于你的个人偏好。另外，请尽量到清真肉铺买肉吧，比普通菜场的牛腩要好很多。

我选了一块肉多的牛腩，做了一道萝卜炖牛腩，好吃！炖的时候也有颇多诀窍。

做牛腩最怕的就是肉质不够软烂，这大概会有三点需要注意。一是不要太早放盐，否则肉质收缩容易煮不烂。二是火候要够，普通砂锅或铸铁锅，最起码要煮一个半小时。即使是高压锅，也要煮25分钟。而第三点大概是很多人没有注意过的，也是最重要的一点：牛腩要整块入锅炖。如果在焯水后马上把牛腩切块，肉汁会太容易流失，而肌肉纤维也容易"伸展不开"，口感会有点柴。在整块肉下锅并且煮到软烂之后再切，就没这个问题了。

原料：

1. 坑腩（肉多的牛腩）约500克

2. 中等大小的白萝卜1根，约400克

3. 老姜1块、八角1颗、桂皮1小块、花椒约10粒、香叶2片

4. 盐大概1茶匙（根据你自己的口味和煲汤的分量决定）

步骤：

① 焯水

牛腩先焯水，煮掉血水之后冲洗干净备用。对于需要排出血水的肉类，注意要放到凉水里，把肉和水一起煮沸。放到沸水里煮会让肉质表面太快收

紧，肉质容易变老，而且时间太短了血水煮出不来，还是会感觉太腥。

② 炖牛腩

焯水后的牛腩整块放入锅中，加 1 块拍碎的老姜、1 颗八角、1 小块桂皮、10 颗左右花椒和 2 片香叶，放入没过牛腩分量的水，炖煮到软烂。

如前文所说，如果用普通砂锅或铸铁锅，就烧开之后转小火煮上一个半小时。如果用高压锅，就在"上汽"之后再煮 25~30 分钟。另外，如果用砂锅或铸铁锅放的水需要比高压锅多一些，因为水分会蒸发掉。

处理好的牛腩是这样的，汤色微微发黄，这是牛油的颜色。而牛肉的肉质也舒展得让人喜欢，完全不会觉得太柴。

③ 炖汤

把煮好的牛腩切成麻将大小的块，白萝卜也切块，和原汤一起转到汤锅里，再煮半个小时。

在这一步里面，如果本来就是用的汤锅，那么直接把白萝卜加进去就可

以了。如果之前用的高压锅，为什么不能继续用高压锅煮几分钟呢？这是因为高压锅里面的汤水和食材滚动幅度都太小，虽然牛腩的肉质够软烂了，可是汤水的味道会不够浓郁，所以需要转到汤锅里让它滚一滚。

汤里的白萝卜起码要煮到筷子可以轻易戳破的程度，我的建议还是煮够半小时，味道会融合得比较好。在关火前两三分钟再加盐，避免因为加盐太早、汤水蒸发而导致调味过咸。

呐，这就是一碗非常好喝的萝卜炖牛腩。汤底清淡又有味，牛腩也足够软烂。

万能吃货们的评论：

广东人炖牛肉，一般会加一点冰糖，肉质容易软烂。

@阿宁

可以加一些晒干的陈皮，汤头会更鲜。

@HeHe

湖南人炖牛肉，还会放两个干红辣椒。

@麦凌

剁椒芋头牛肉羹：
选对了好芋头，这碗羹就自然软糯

每年到了秋天芋头上市的时候，我就会迫不及待地跑菜市场找喜欢的芋头。菜市场里常见的品种有图中这么几种：

摆在上面有两个拳头大小的是有名的广西荔浦芋头，就是《宰相刘罗锅》里面进贡给乾隆的那种，质地软糯，蒸熟了蘸白糖就很好吃。下排的两种小芋头有区别，右边的小芋头蒂部带浅红色，左边的小芋头蒂部呈白色。我自己更偏好前一种，口感会比白色蒂的要更软糯，比起大个儿荔浦芋头也方便烹饪。

我家爱吃的芋头的做法是芋头清炖牛腩，做法和前面的萝卜炖牛腩完全一样，只是把白萝卜换成小芋头。也可以另外换一种食材和调味，做成剁椒芋头牛肉羹，同样是适合秋冬季节的家常好汤水。

原料：

1. 小芋头 4 ~ 5 个，加起来约 500 克

2. 瘦牛肉馅儿约 150 克

3. 老姜 2 ~ 3 片，切姜末

4. 蒜瓣 2 瓣，切蒜末

5. 剁辣椒半瓷勺，盐 1 茶匙

6. 小葱 2 ~ 3 根，切葱花

步骤：

① 煮芋头

芋头要煮得足够软糯，这碗羹才好吃。按说一般是把芋头去皮之后蒸熟，但是我嫌给芋头削皮容易手痒，所以用一个偷懒的办法——先用高压锅蒸熟芋头，再把皮给剥掉，最后切成大块儿。蒸芋头也容易，如果用压强 70pa 的高压锅蒸 15 分钟就可以了，换成汤锅需要蒸或煮 30 分钟左右，熟度以牙签可以轻易地戳过芋头为准。

② 炒香料和牛肉

锅里放大约 1 瓷勺的色拉油，小火炒香姜末、蒜末和剁辣椒，然后放入牛肉馅儿，煸炒到酥香的状态。市售的牛肉馅容易出水，要小火慢炒到比较干才够香。

③ 煮芋头羹

炒好的姜末、蒜末、剁辣椒和牛肉末不需要动，把蒸煮好的芋头块放入锅中，加入没过芋头分量的水，用大火煮开。我加了大约 800 毫升水，水量可以自己把握，水多了就多煮一会儿，水少了就再加一点，问题都不大。

锅里的水煮开之后调成小火，继续煮 3 ~ 5 分钟，直到汤羹变得浓稠。我喜欢用锅铲把芋头稍微压碎一些，让芋泥融到汤里。但是我也会稍微留一点小小的芋头块儿，感觉这样吃起来更有口感。如果喜欢特别绵软的、糊状的羹汤，也可以把蒸煮好的芋头事先打成泥。

煮到合适的浓稠度之后加盐调味，撒上葱花拌匀即可。因为剁辣椒一般会带一些咸度，所以不要太早加盐，免得汤汁煮干后味道过咸。加盐之后也要多试试味道，少量多次地加。

绵软的芋泥自带"勾芡"效果，香料和辣椒的味道让人微微发汗，特别适合秋冬天气。也可以一次多煮一些芋头放在冰箱里备用，随时拿出来，几分钟就能做出一碗好汤。

鲫鱼豆腐汤：从油到水都够热，鱼汤会更白

　　想在家煮鱼汤的人，多半搜过"鱼汤怎么炖才会白"这样的问题吧？答案现在就可以告诉你：鱼汤的白主要是油脂的乳化作用，不需要任何其他的食材或调料。我见过一些菜谱里，为了让鱼汤变白会加入牛奶或者三花淡奶，完全不需要。而且如果奶味太重了，反而遮掉了鱼本身的鲜味，变得有点太厚重。

　　以及，比起奶白色的鱼汤，其实我更想说的是如何让鱼汤更鲜美。一碗鲜美又浓郁的鱼汤，是非常治愈的存在。

原料：

1. 小个头的新鲜鲫鱼 2~3 条，加起来约 500 克

2. 石膏豆腐 1 块，约 500 克，切成约 2.5 厘米见方的块儿

3. 沸水一大锅

4. 老姜几片

5. 白胡椒约 20 粒，用白胡椒粒更好，实在没有的话就用白胡椒粉

6. 腌鱼的盐和煮汤的盐各适量，大概需要 2 茶匙盐腌鱼、2 汤匙盐煮汤，
   需要根据自己口味调整

7. 香醋约 1 茶匙

8. 习惯用料酒或米酒来烹饪鱼的，也可以加 1 汤匙

9. 煎鱼用的油约 2 瓷勺

10. 香菜几根作为点缀

一般家里用的锅都不会特别大，平底锅大多是 28 厘米或 30 厘米的，所以我建议买小一点的鲫鱼，免得煎鱼的时候鱼尾或鱼头的地方煎不到。另外这个做法比较适合鲜鱼，就近找个菜市场现买比较好，用冷冻或冰鲜的鱼煮汤味道还是差很多。不喜欢鲫鱼的话也可以用草鱼或黑鱼来代替，依自己喜好而定。

步骤：

① 处理鱼

请卖鱼的摊贩帮忙处理好鱼之后，注意鱼肚子里容易残留没处理干净的黑膜，这个会比较腥，要撕掉或者洗干净。

把鱼冲洗干净，用厨房纸巾尽量擦干至鲫鱼表面比较干爽的状态，在鱼身上打个花刀撒点儿盐腌制 20 分钟左右。所谓的"打花刀"，是在鲫鱼的两面都斜着切 3 刀，但是不要切太深，否则煮鱼的时候容易完全煮散，这样就不好看了。鲫鱼本身肉薄，也不需要担心刀口不深导致鱼肉不入味。

事先用盐腌鱼有两个好处，一是让鱼肉稍微出一点水，鱼肉会变得紧实一些，普通肉质的鱼口感也会更好。湖南有一种做法叫作"刨盐鱼"（见"红烧刨盐鱼"菜谱），就是用大量的盐腌制草鱼形成蒜瓣肉的效果，非常好吃。腌鱼也能让鱼肉里多余的血水析出，煎起来更好成型。

② 碾胡椒

白胡椒粒用刀背略微压碎备用，同时烧一大锅水备用。

③ 煎鱼

煎鱼如何不破皮，也是一个经典问题。要点就是：锅热油热、鱼身要干、慢火煎鱼、不要勤翻。油量倒是不需要太多，否则会太油腻。

锅热油热，能够让鱼在下锅之后鱼皮尽快定型，不容易粘锅底。鱼在下锅之前一定要尽可能地用厨房纸巾吸干水分，太湿的鱼皮也容易粘锅底。慢火煎鱼和不要勤翻都是一个意思，在煎鱼的时候先把一面煎好，晃动一下锅，觉得鱼可以轻易地移动了，再翻身煎另一面。如果着急给鱼翻身，鱼皮还没成型，当然也就会破掉。有不粘锅当然更好，不过其实只要能掌握这些诀窍，普通炒锅也是一样可以煎出完美的鱼。

④ **煮鱼汤**

鱼的两面都煎得金黄之后，加入姜片、白胡椒碎和备好的沸水，这就是煮出奶白色鱼汤的关键——趁着锅和油都是热的，加入沸腾的开水，并且持续用大火煮。

刚刚加入沸水的时候，已经呈现了奶白色鱼汤的雏形：

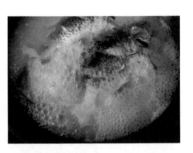

因为煮的时间会比较久，所以水最好多放一点，并且一次放够。在锅里的水烧开之后，加入豆腐，这个时候已经明显可以看到鱼汤很白了。只要注意油、锅和水的温度，就一定可以煮出白色的鱼汤。

然后放一勺盐，中大火一直煮20 分钟左右，习惯加料酒或米酒的也在这一步加入。俗话说"千滚豆腐万滚鱼"，豆腐和鱼都适合多煮一

会儿才入味。煮到时间差不多了，汤会收得比较浓稠，稍微尝一尝咸淡看看要不要再加盐调味，然后加 1 勺香醋就可以出锅咯。

加香醋这一步我想单独说一说，因为似乎一般都不太会在鱼汤里面加醋。几年前我很喜欢看台湾的综艺节目《型男大主厨》，里面的阿基师很喜欢在一些我意想不到的地方用台湾特产"乌醋"调味。菜肴快出锅的时候顺着锅边淋一点点进去，这叫"锅边醋"，非常香！我在鱼汤里试过几次这种做法，发现滋味很妙。不加醋的版本当然也很醇厚美味，但是加了醋不但不会破坏汤本身的口感，还可以给鱼汤提香提鲜，回味更足，更好喝！

如果你不需要非常多鱼汤的话，那么熬半小时左右到剩下小半碗汤，这时的汤会有一种浓浓的不透光的白，味道极鲜。

万能吃货们的评论：

不知道在哪里看到的一句话说"热水煮白汤,凉水煮清汤"。

@WALDEN

鲫鱼汤的重点是猪油、猪油、猪油。其实食材很重要，能买到大自然养的鲫鱼，汤绝对像牛奶一样好看。

@加菲

以前虽然也常做，但从未如此的白，细节决定成败。

@Sun一一小米

主食

碳水带来的满足感是无法取代的

一碗白米饭:

要让米饭香糯又软甜,别忽视淘米

在日本电饭煲和某些特殊产地的大米几近神话的时代里,返璞归真煮上一锅好吃的白米饭吧。这碗白饭我可以不配菜!空口吃!香香糯糯软软甜甜的,请再盛一碗,谢谢!而其中的秘诀只有两点:一是要把米洗干净,二是要让米先浸泡足够的水之后再来煮。简直有点颠覆我的想象。

原料:

1. 白米 2 杯(普通电饭煲配备的量杯),需选用粳米
2. 水适量,根据不同大米的吸水性不同而定,最后入锅的水和大米的比例约为 1:1.1 ~ 1.2

步骤:

① 淘米

　　别小看这一步,大部分人的做法应该都和我以前做的差不多,把米冲洗 3 次也就差不多了。事实上淘好米的标准应该是,最后的淘米水要达到澄净透明的程度,好像这样:

　　有些人认为淘米淘得太干净,会损失大米中的维生素 B 族。但我认为这样处理可以洗掉大米中多余的淀粉,处理后的大米确实口感更好,不妨尝试一下看看。

② 沥水

淘好的米充分沥干，大概需要十几分钟，沥干水的米看起来会有点发白。这一步是为了后续让大米重新泡水做准备，需要沥掉"旧"的水，吸收"新"的水。

③ 浸泡大米

这一步绝不能省，让米粒吸足水分，煮出来的白米饭才会松软好吃。据说大米从打下来那一刻开始，就在持续丧失水分（所以陈米的质地更干更脆）。而如果能让洗净的米粒吸满水，煮饭的时候大米中的淀粉会更容易糊化，味道才会好。

不同的大米浸泡时间不太一样，如果是刚打下来的新米，可以浸泡时间短一些，如果是陈米，那么需要时间加倍。不同季节的浸泡时间也不同，夏天短一些，冬天长一些。

浸泡用的水是有讲究的，如果能用硬度低一些的水更好，实在没法做到的话，起码保证是新水，而不是刚才用过的淘米水。浸泡用的水量也跟米的品种有关，吸水性强的需要加一点水，基本上米和水的比例是 1：1.1，按自己喜欢的米饭软硬程度，增加或减少一点水量都可以。

④ 煮饭

终于真正进入到煮饭阶段了，你可以选择用铸铁锅或电饭煲。对于这种有点情怀的煮饭方式，我偏好的工具当然是铸铁锅或土锅。

用铸铁锅煮饭也挺简单的，直接用刚才浸泡大米的水来煮饭，先用中火或大火，让水尽快沸腾，这样锅里的米粒能够受热一致。按两杯米的分量来算，先用中火煮 5 分钟，锅沿会冒出比较多的白汽，锅底的声音慢慢变大。这个时候调成小火，再煮 7 分钟。整个过程中要忍住，不要揭开锅盖，否则米饭容易夹生。

没有铸铁锅的话，也可以用普通的电饭煲，或者试试传统砂锅和日本土锅。但是因为每种锅的尺寸和密封性不同，煮饭的水量可能也有所不同，需要自己多试几次。

⑤ 焖煮和"打松"

关火之后，不要揭开锅盖，利用锅的余温继续焖饭。这个过程里，米饭中的淀粉在继续糊化，最后的成品会比刚关火的时候好吃很多。但是如果太快揭开锅盖的话，温度下降得太快，就没有这个效果了。要耐心等待至少 10 分钟，这是焖煮的步骤。

"打松"指的是焖好饭之后，在揭开锅盖的同时，用饭勺轻轻搅拌锅里的米饭，拌开、拌匀。让米饭稍微蓬松一点地盛在碗里，这样水汽会散得比较干净，吃起来口感会比较好，米饭的香味也更能散发出来。

　　盛出一碗，米饭看起来粒粒分明，又比较油亮，但完全不用担心口感太干硬，可以理解为"米油"都煮出来了。吃起来口感有点软糯，米饭之间是粘的，但是不会粘牙。米香味很明显，筷子都不会先伸向菜，一定要先空口吃上几口诱人的白米饭。

酱油炒饭：
来自生晒老抽和白胡椒粉的迷人香气

说起炒饭，容易想到的大概会是"扬州（什锦）炒饭"，而我自己从小吃到大的，更多的是"酱油炒饭"。

湖南人喜欢酱油咸香、酱香的味道，颜色浓重的菜式或炒饭在视觉上也给人一种"更入味"的感觉，相当讨人喜欢。不管是平时为了省事儿做一碗填饱肚子，还是在外面餐馆吃到最后作为结尾的主食，酱油炒饭都是我的最爱之一。说起来酱油炒饭用到的材料实属平常，无非就是米饭、鸡蛋、酱油，但是这咸香扑鼻的味道就是让人欲罢不能，简直"有毒"。我还额外用到了白胡椒粉，也是另外一层迷人的香气。如果纸张可以传递香味的话，你在看这页书的时候，隔壁房间的人肯定能闻到这味儿。

原料：

1. 白米饭 1 饭碗

2. 鸡蛋 1 个，只取蛋黄

3. 香葱 3~4 根，切成葱花

4. 白胡椒粉大约 1 茶匙，盐半茶匙

5. 酱油（老抽）2 瓷勺

6. 油大约 2 瓷勺

具体的材料分量可以自己按比例增减。酱油和盐的分量需要自己把控，有些酱油味道会咸一些，就要少放盐。

说起炒饭的主料米饭，那是有些说头的。我们平时总夸东北大米好吃，因为煮出来的口感香糯适口，我平时家里常备的也是东北大米。但是其实东北大米是不太适合用来炒饭的，因为它的直链淀粉含量比较低，煮出的米饭质地过于软糯，用来炒饭不容易炒得粒粒分明。

如果是特别热爱炒饭、煲仔饭的人，推荐在家里常备一些"丝苗米"或其他品种的籼米，会更适合。在分类上，东北大米就是属于平时说的"粳米"，丝苗米就属于"籼米"，籼米的直链淀粉含量较高，质地偏硬，更适合炒饭。但东北大米能不能炒饭呢？也可以，只是口感会稍微不太一样，而且没有籼米好操作，容易粘，炒出来的饭没有那么粒粒分明。

那么，炒饭是不是必须用隔夜米饭呢？我觉得也是看你方便与否。如果时间比较赶，那么前一天煮好放在冰箱冷藏，第二天可以直接用。如果时间来得及的话，可以试试减少水量煮饭，并且在米饭煮好之后敞开锅放上20分钟左右，散散水汽，效果也是不错的。隔夜米饭质地确实会比较干，但是也更容易结块，炒的时候需要不断地铲开，比较容易破坏米饭本身的形状。

酱油炒饭中的酱油很重要，这个炒饭只用调料来炒，几乎没有配菜，要的就是那一口酱香味儿，如果酱油不好的话简直毫无意义。普通品牌的老抽我不太建议用，建议选择带有"天然生晒"之类标识字样的酿造酱油，风味是普通配制酱油没法比的。在湖南做法的酱油炒饭里，我选用的是湖南本地的老牌子龙牌酱油，你可以选择更方便买到的品牌。

炒饭的油可以用猪油、菌油、葱油，这些油都自带香气。如果没有的话，推荐使用茶油和菜籽油，如果都没有就用平时炒菜常备的普通色拉油就好。

步骤：

① 炒米饭

锅里放入 2 瓷勺油，烧热到微微冒烟的程度，直接下米饭炒散，整个过程一直是中火。

② 加鸡蛋

把鸡蛋黄打散，蛋液淋到米饭上。

是的，酱油炒饭里面是有鸡蛋的，不是只有光秃秃的酱油和米饭。我自己平时做其他的炒饭，其实是习惯把鸡蛋先炒熟，再处理米饭。但是做酱油炒饭最好让蛋液"散"一些，完全散落在米粒里面，越碎越好。最后让蛋液的颜色被酱油盖过去，看不太出来，但是吃的时候能吃到蛋香味。比例大概就是一颗蛋黄配一碗饭刚好，不要用量过多，保证酱油仍然是主角。炒散之后是这样：

③ 加调料

　　在锅里加入盐、白胡椒粉和酱油，保持中火不断翻炒，直到酱油均匀上色，最后加入香葱翻炒均匀。炒饭的时候用锅铲"切拌"米饭，而不要"碾压"米饭，可以尽量保持饭粒的完整度。一直炒到锅底有细密的"噼里啪啦"的响声，米饭中的水分被充分炒干，这样炒出来的米饭才能达到"粒粒分明"的最佳口感。而在高温的作用下，酱油会稍微被蒸发，完全可以感受到酱香扑鼻的感觉！

　　如果加入的是现磨白胡椒粉就更好了，香气更足。我会建议你不要研磨得太细，享受一下小胡椒碎在嘴里爆炸的快感，这也是酱油炒饭的另外一个"爆"点。

万能吃货们的评论:

猪油比其他的油炒出来好吃!

我可是刚吃完饭的人啊!这肚子……这出息……不说了,我去喝酱油了。

@ 美子

隔着屏幕都能闻着味了(泪流满面)。

@ 昭一之

青菜肉丝粥：加一勺油，让粥底够"绵"

一碗好粥应该是什么样呢？水米交融那是必须的，其他就看个人喜好了。白粥配小菜，或是加了各种食材的花式粥，或是熬煮时间更长的老火粥，都有不同的簇拥者。但不管是哪种粥，鲜香绵软几个字是跑不掉的，尤其是"绵"，只有绵绵的粥才能给肠胃带来最大的抚慰。要熬出一碗够"绵"的粥，最重要的是处理好粥底。

原料：

1. 粳米半杯（普通电饭煲配备的量杯）

2. 1 汤匙花生油，没有的话也可以用其他色拉油代替，但花生油会更香

3. 里脊肉约 100 克，生抽 1 汤匙

4. 小油菜 2 颗，切成细丝

5. 盐约 1 茶匙

6. 水适量，大米和水的比例约为 1：18

步骤：

① 浸泡大米，腌制肉丝

　　我喜欢提前几个小时浸泡大米，在水里滴上几滴油，大米浸泡几个小时或过夜，能让米粒易煮开花，煮好的粥底也更加绵软。水、米的分量大概如图，我用了半杯米和 18 厘米铸铁锅半锅分量的水。浸泡大米的水量也没有特别严格的要求，可以大概参考 1：18 的体积来称量。

　　同时把里脊肉切丝，用生抽腌制一会儿，小油菜洗净切丝备用。

② 煮粥底

大米浸泡至少两个小时或隔夜后，无需换水，直接把这一锅端上灶头来煮。煮粥的火候其实是中大火更好，不容易粘锅，米也容易煮开花。但是家里的小锅这样煮的话实在是太容易扑锅了，所以建议煮沸之后转小火。

煮好的粥底质地如下图，不会特别稠，但是米粒已经颗颗开了花。粥底的稠度不够是为了给加入食材之后的继续加热留点儿余地，而且一般粥煮好了之后还得稍微晾凉一点才能喝，这个过程中锅的余温也会让粥底继续变稠的。

　　在煮好的粥底里加入腌制后的肉丝，在肉丝煮熟煮透之后加入小油菜丝和 1 茶匙盐调味就好啦。有时候为了省事儿，我也会在前一天晚上提前准备好粥底，第二天煮沸之后加入事先备好的各种食材，就是一份简单好味的家常早餐。鲜香绵软的粥底，让整个肠胃都熨帖得不得了。

万能吃货们的评论:

学潮汕粥里面加上冬菜之后味道简直提升一个级别,推荐推荐。

@LiNa

快手粥还有一个办法:米泡好沥干后放在冰格里冻上,第二天开水下锅一样能快速煮开花,原理是冰冻后的冰晶很有破坏性,亲测省事儿。

@小小黄最近拉完巴后喜欢生人手上

铜锅米线:
煮出连汤底都够味儿的酸爽

　·这是一碗一锅出、酸得开胃、还很暖心的铜锅米线,做起来方便又好吃。整碗米线从菜码到汤底,都贯穿着"酸爽"两个字,如何做到呢?

原料:

1. 干米线 1 把,大约 100 克

2. 猪肉馅约 50 克

3. 老坛酸菜 1 瓷勺,一定要用在坛子里发酵过的老酸菜味道才够

4. 干木耳几朵,提前泡发

5. 番茄 2~3 片

6. 韭菜 1 小把,切成大拇指长短的段

7. 小葱 2~3 根,切葱花

8. 盐 1 茶匙,鸡精 1 茶匙

9. 小米椒 2 根切碎,或者用 1 茶匙剁辣椒,不吃辣的可以省略

铜锅倒不是必备品，用砂锅、铸铁锅、各种汤锅也一样可以操作，完全看你方便。

步骤：

① 炒肉

铜锅烧热之后倒入 2 瓷勺色拉油,把肉馅放进去略炒一下直到有点发白。

② 煮汤

　　肉不需要盛出来，在铜锅里再加入老坛酸菜和适量的水，一起烧沸。

　　所谓"适量的水"是多少呢？你可以用准备拿来装成品的碗量量看，距离碗口大概 2 厘米左右的水量倒进去就差不多了。水太少了最后会汤少料多，水太多了会装不下，最后很多配菜都留在锅里。量量看，体验一下那种"刚刚好"的感觉。

③ 煮米线

　　水开之后，直接把干米线扔进去煮。干米线煮好的时间得看米线本身的粗细和质地，我常用的细米线需要煮 6 分钟左右，粗米线煮 7~8 分钟，煮好的标准是可以用筷子轻易地夹断。如果米线夹起来容易碎，就是煮过了。

　　我处理米线的办法比较偷懒，如果能另起一只汤锅单独煮米线，铜锅里的汤底会更清澈。但直接把米线放在已经有调味的汤里煮，当然会更入味。

煮米线的时候，把泡发的木耳切丝，米线煮到一半的时候把木耳丝放进去，再放两片番茄，提升汤底酸度，让酸味的来源更丰富。木耳丝不要放太早，煮太久了就会不脆。

米线煮好之后，加韭菜段，关火，用盐和鸡精调味就可以了，盛碗之后再撒点葱花。我喜欢最后再加一勺剁辣椒，拌匀了吃。微微的酸辣味非常开胃，秋冬季节吃也特别暖和。

干炒牛河：牛肉够嫩、河粉够味，还有"镬气"!

你别看干炒牛河好像好多餐厅都有卖，找到一份好吃的干炒牛河可不容易呢！所谓好吃的干炒牛河，我感觉我们可以复习一下老电影《满汉全席》里的台词，那里已经描述得非常精准了：

干炒牛河讲镬（huò）气，油多就腻，油少会焦；而且每条河粉都要色味均匀，酱油太多会味太重，酱油不够味又太淡；牛肉要过油六成熟，原汁就会留在牛肉里面，再起镬多煮两成，就会香、滑、爽口；牛河上桌的时候，一夹起来，不能有多余的油和酱油留在碟上。

如果干炒牛河是一份试题，那这妥妥的就是试题的所有重点。其实家里制作干炒牛河很容易碰到这些问题：镬气不够，河粉炒的时间短了味道不够、炒久了又粘锅，牛肉不够嫩，成品太油腻……简直无法愉悦地吃吃吃。不怕，我们一个个解决。

原料：

1. 新鲜河粉 350~400 克

2. 牛里脊肉 150~170 克

3. 韭黄、绿豆芽各 50 克左右，韭黄切成大概 2~3 厘米左右的段，绿豆芽摘干净之后泡在水里防止氧化

4. 香葱 2~3 根，切成 2~3 厘米左右的段，和韭黄长度差不多

5. 腌制牛肉的调味料包括：蒜头 2 瓣切碎末、老抽 1 汤匙、生抽 1 汤匙、白砂糖 1 汤匙、淀粉 1 茶匙、番茄汁 1 茶匙、油 1 汤匙

6. 最后炒河粉的油约 2 汤匙

步骤：

① 处理牛肉

处理牛肉一直是各种牛肉菜肴的难点，不只是干炒牛河这一个菜。先剔掉牛肉的筋膜，尽量剔干净一点，然后先切块，再逆纹切成大薄片儿。

把老抽、生抽、番茄汁、糖混合均匀做成酱汁，牛肉先拌入蒜末和生粉，然后加 1/2 汤匙的酱汁进去抓匀，腌制一会儿备用，我一般放在冰箱里腌制过夜。注意拌好的酱汁没有全部加入，腌肉用的油也暂时没有加。

② 处理河粉

看了不少资料，发现很多菜谱在对河粉的处理上都有一个共同点——事先用调味料抓匀。这很妙呀！完全可以解决在炒制过程中河粉色味不匀的问题，是超级棒的小窍门。所以处理河粉的时候，先把河粉抖开，把黏在一起的河粉条撕开，然后把腌肉剩下的酱汁和河粉一起抓匀。

③ 炒牛肉

就像《满汉全席》里面说的一样，牛肉要过油六成熟，把肉汁留在里面。我还要补充一点，就是预处理牛肉的时候，油温不要太高，否则容易炒硬。

给腌好的牛肉加入 1 汤匙油（前面原材料里提到的腌肉用的那 1 汤匙），在中火、温热的油锅里下入牛肉，拨散之后基本上就可以盛出来了，绝对不能完全炒熟。炒成图中这个程度，盛出来沥干汤汁。

④ 最后是有镬气地炒河粉

　　注意油温和锅的温度都要够高，否则食材放进锅里之后温度一降下来，就没有镬气的效果了。我是把油烧得有点冒烟才放食材的，而且全程保持最大火，在家庭厨房的条件下，这样能最大限度地保证所谓的"镬气"。炒河粉的时候不要用锅铲，用筷子来翻拌，以免把河粉铲碎。食材的放入顺序是盐、韭黄、豆芽、河粉、葱段、牛肉。

　　是的，我先放盐再放韭黄和豆芽，这样在盐的作用下，蔬菜能够快速出水，让锅里不至于湿答答，干炒牛河才够"干"。然后放入拌匀的河粉，快速地用筷子拨散、拌匀。最后加入牛肉，基本上拌匀就可以出锅了！

　　这不是一碗"油光满面"的干炒牛河，碗底的油也不多，干干净净、清清爽爽，但是就是感觉够热乎、够镬气，好吃！

万能吃货们的评论:

作为广东人看到这个真的太激动了!天知道有镬气又不油的干炒牛河多么难得!

@ 冯顺钰

把河粉用酱汁拌匀立即想到做黄金炒饭时候先把凉米饭用蛋黄拌匀,是一个效果,上色均匀好看而且有味道。

@K

关键是火大油烫材料干,用的蔬菜最好干燥出水少为妙,水汽多了再有镬气也没劲。

@ 笑狮子

鸡丝凉面：料足才味美

小时候其实是把凉面当零食吃的，就是在湖南街头那种带玻璃罩的摊子上，凉面和刮凉粉都有，摆满了用各种碗或小塑料桶装着的调料，放学路上一定会来一碗的，回家之后也不耽误吃晚饭。现在更偏好有荤有素有很多配菜的凉面，而调味方面呢，是根据我那么多年的一边观察街头摊位调味的细节一边咽口水的回忆来还原的。所以看似普通的鸡丝凉面，想必不会让你失望。

原料：

1. 碱面约 150 克

2. 煮熟的鸡胸肉 1 小块，约 70 克，拆成细丝

3. 黄瓜半根切细丝，胡萝卜半根切细丝并事先焯熟

4. 生花生 1 小把，切碎备用

5. 蒜水配料：白醋 1 瓷勺，蒜头 2 颗拍碎

6. 白腐乳的腐乳汁 1 汤匙（一定要！小时候吃凉面和刮凉粉我都会要求多加一点腐乳汁）

7. 生抽、老抽、香醋各 1 汤匙（有生抽和腐乳汁我就没有再放盐）

8. 辣椒油根据个人口味用 1~2 汤匙

9. 香油 1 茶匙

10. 可以再加一小把葱花和一小撮榨菜丁或萝卜丁，看个人喜好

而一碗凉面如何入味,在于所有细节的处理。所有的食材都处理好之后,把它们都拌在一起就可以了!

步骤:

① 处理各种配菜和调料

鸡胸肉拆成细丝:煮好的鸡胸肉纤维方向很明显,顺着撕就好了。如果嫌撕起来速度慢,那么一边撕一边做一些揉捻的动作会更快一点。

煎锅内不放油,烧热之后转小火,把花生碎放进去焙香,变色之后拿出来晾凉,注意要经常翻动以免花生糊掉。这一步可以先做好,因为花生稍微凉一下之后才能更香脆。

把切碎的蒜头用白醋泡上,得到 1 碗蒜水,凉面里面可以把蒜末和蒜水一起加进去。这甚至提前一晚准备都可以,蒜水要稍微泡久一点味道才足。如果没有腐乳汁的话,把块状的腐乳压碎,加一点凉白开调开,多调一点备用,加在凉粉或凉面里面提味效果极佳。胡萝卜切丝焯熟,黄瓜切丝。

不管食材多么简单,处理都各有细节。每一步都到位了,这碗面才好吃。

② 拌面

　　用一个大一点的容器（我用了一只砂锅），把除了黄瓜和花生碎之外的材料一起拌匀。碱面是熟的，直接拌就好了。但是黄瓜和花生碎是需要保持脆度的食材，所以最后再放进去。

　　黄瓜和花生碎最后放这件事，也是细节。对，然后就拌好了！一碗丰盛又入味的凉面。

开洋葱油拌面：熬一罐香气逼人的葱油

葱油拌面类似番茄炒蛋，各家餐馆、各家妈妈，都有自己的习惯做法。葱油拌面在江浙地区更多见一些，几乎任意走进一家面馆，都可以点上一碗。

我一直热爱葱油拌面，但是热爱了这么久，口味居然也是有些变化的。从前喜欢熬得焦黄枯香的葱段，熬葱油的时候还要加一些洋葱、八角、桂皮，偏好复合香气的黄色葱油。后来慢慢变得更喜欢葱香味儿本身更突出的葱油，于是舍弃了各种香料，熬葱油的过程也缩短了不少，为的就是保留小葱的清香气。这样熬完葱油的葱段也不至于太"枯"，就算和面条一起入口，也不会干涩得好像杂草。

原料：

1. 小葱 100~150 克

2. 植物油约 400~500 毫升，油的类型不拘，但是需要使用无味的、颜色比较清亮的色拉油，比如葵花籽油、玉米油、芥花籽油等，不建议用大豆油、菜籽油、花生油

3. 面条 100~150 克，不宜过多，做葱油拌面我比较喜欢用鸡蛋面

4. 开洋（虾米）几枚

5. 老抽和生抽各 1 瓷勺

6. 白砂糖一小撮

做葱油拌面，最要紧的当然是熬出一罐好葱油。

步骤：

① **切葱**

把小葱洗干净，切掉根部的须，然后尽可能地晾干。如果着急用的话，就用厨房纸巾尽可能地吸干水分。小葱本身含水量就高，滴滴答答地一入油锅，溅油会特别厉害。

将洗好的葱切成大约 5 厘米长的葱段，并且把葱白和葱绿分开盛放。这是因为葱白和葱绿的含水量不同，需要分批入锅炸，才能更好地保持葱绿的颜色。

② **炸葱油**

在炒锅里倒入 400~500 毫升的油烧到温热，但不能到冒烟的程度，温度太高的话葱一下子就糊了。保持小火，先倒入葱白，炸到微微发黄。

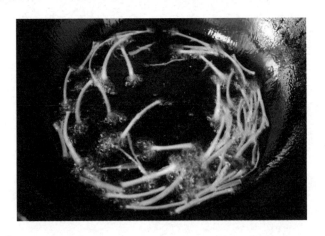

小火把葱白炸上 30~40 秒，放入葱绿。是的，葱白和葱绿入锅的时间大概只差半分钟，但是就是这半分钟，可以让葱白的火候和葱绿保持一致。

在葱绿的绿色还剩一半的时候关火，大概也就几分钟，然后利用锅里的余温继续炸。大部分葱油都会炸 20 分钟以上，葱段会变得很焦。我自己试过很多次，觉得稍微保留一些绿色的小葱和面条一起入口不会有讨厌的枯草感，而且葱油也还是香的，上桌也好看。

炸好的葱油稍微晾凉一下装瓶，保存在无水的玻璃罐子里放入冰箱冷藏，可以保存好几个月。注意一定要把葱油晾凉一下再装瓶，不然瓶子容易炸。

葱油熬好了，拌面就成功了一半。剩下的就是煮面和调味了。

③ 蒸开洋

将开洋（虾米）放入小碗里，加半碗清水，放到沸水锅里用小火蒸 10 分钟（在第 158 页的《常见的干货如何泡发》一文里，解释过开洋的泡发方式）。如果用的开洋比较大，需要在蒸完之后稍微切碎。蒸开洋时加入的半碗清水也不要倒掉，这个水很香，可以留用。

④ 煮面

烧开一大锅水，准备煮面。我们经常说煮面、煮粉的水要"宽"，意思是水要多一点，这样煮好的面条不容易有面汤味儿。很多有吃面习惯的地区，有吃"头汤面"的讲究，也是这个道理。一锅水煮面太多次，难免浑浊不好吃了。

细细的鸡蛋面，我一般在水开之后放入锅里，转小火然后煮 1 分半到 2 分钟。我习惯煮得偏硬一点，拌起来有嚼头。这也和面条的种类以及个人口味有关，可以自己调整。

⑤ 做酱汁

在烧水煮面的同时，旁边炒锅也打开灶头，准备做酱汁。炒锅里不放油，烧热之后倒入蒸发好并且切碎的开洋，小火慢炒，炒干开洋里多余的水汽，让香味更明显。

然后依次倒入 2 瓷勺蒸开洋用的水、一小撮白砂糖、1 瓷勺生抽和 1 瓷勺老抽。蒸开洋的水很香，作为汤汁会非常提味。入锅的顺序注意是先放水后放酱油，不然酱油容易糊锅。

⑥ 拌面

　　面条也刚刚好煮好，把面条尽可能甩干放入碗里，淋上刚刚做好的酱汁和1瓷勺葱油，趁热拌开——注意一定要趁热拌开，否则面条会很容易"坨"——简直香气逼人！

　　这是一碗你明知道它有点油腻不健康，但就是无法拒绝它的香气的葱油拌面。

菜谱中简单的一句"沥干水"，可别小看它

不知道你有没有注意到，在"开洋葱油拌面"这个菜谱里，特别强调了小葱在洗净之后要尽可能地沥干水，最好用厨房纸巾擦干。在其他很多篇菜谱里，也经常会出现"沥干水"几个字，你照做了吗？

很多厨房新手对于下厨的恐惧，一半是费时间、一半是溅油太可怕。炒菜溅油厉害，很大可能就是因为没有沥干水呀。高温的油碰上突如其来的水，可不就溅得乱七八糟。在下锅之前把食材沥干水，这个状况就能改善不少。

沥干水的作用还不止于此。

众所周知，比起餐厅后厨，家庭厨房的火力会差很多。所以在家庭厨房做饭的时候，很多需要旺火的菜式都要尽可能地保持炒锅里的温度。这也是为什么在"辣椒炒肉"的菜谱里，强调炒辣椒的时候要把油温烧到冒烟再放入食材，并且要全程保持大火。如果食材入锅的时候水分太多，会导致锅里的温度急剧下降，炒菜的火候感觉完全不对了，更别提出来的成品多半会水汪汪的，毫无卖相。

富含糖分和蛋白质的食材，在加热到一定温度后，会产生"美拉德反应"（非酶褐变现象），能让食材上色，并且产生香气，这一点表现在肉类、洋葱、豆制品等食材上都非常明显。还记得"芹菜炒熏干"里，先把熏干煎香吗？这就是对"美拉德反应"的认识和

应用。如果食材上有比较多的水分，入锅后就不容易产生"美拉德反应"，不容易被煎、炒上色，也不容易被烹饪出香气。

连西餐里的沙拉菜也会要求尽可能地"沥干水"，很多爱吃沙拉的人甚至可以在家里常备一台沙拉甩干机，利用旋转时的离心力带走沙拉菜上的水分，非常方便，能充分保证沙拉酱的浓度和成品沙拉的美味。

你看，减少溅油、保持烹饪的温度、让食材更快地上色和增香……简单的"沥干水"几个字，是不是很重要？

荷叶糯米鸡：拌匀糯米要趁热

同一种类糯米馅儿小点心，在各地的做法却大有不同。北方大概是很少有糯米烧麦的，多见的反而是羊肉烧麦。而湖南的糯米烧麦讲究皮要薄、连带收口也要蒸透，糯米馅儿里面要加一点油渣子和胡椒粉，吃起来才香。同样叫作"糯米鸡"，广式的糯米鸡大多是荷叶包着、蒸出来的，武汉的糯米鸡却是油炸的。粽子就更不用说了，碱水粽子蘸白糖、蛋黄鲜肉粽子都各有簇拥。

不管是哪种做法，如果是咸鲜口味的糯米小吃，要想做得好吃要注意两点：油脂丰富让糯米味道更足，以及糯米得蒸得软硬干湿恰到好处。

原料：

1. 糯米 1 杯，用电饭煲煮米饭的量杯量出，长糯米或圆糯米都可以

2. 鸡翅根 1 根，去骨去皮后切成小块，用 1 茶匙老抽腌制备用

3. 干花菇或香菇 2 个，事先泡发后去蒂、切成丁备用

4. 花生米约 10 颗，事先泡水

5. 干虾米 6~7 个，事先泡发后切成丁备用

6. 大蒜 2 瓣，切成蒜末

7. 老抽、生抽各 1 瓷勺

8. 盐 1 茶匙，白胡椒粉 1 茶匙

9. 清水适量

10. 干荷叶一片，夏季的时候也可以用新鲜荷叶

步骤:

① 处理食材

荷叶糯米鸡用到的各种干货比较多，大都需要事先泡发，不同食材的具体泡发时间可以参考第 158 页的《常见的干货要如何泡发》一文。

我一般会提前一晚将糯米、干花菇都泡上，尤其注意在泡花菇的碗里压上一个重物，避免花菇太轻而浮在水面上泡得不充分。干虾米和花生米，在制作时提前一点泡上就可以了。

②蒸糯米饭

因为鸡肉熟得快、糯米熟得慢，所以做糯米鸡的时候，我习惯把糯米饭先蒸熟。把泡过水的花生米和糯米一起入锅蒸。

但蒸糯米饭还有一个问题，就是水量很不好把握。糯米的吸水性差，水放多了就容易蒸得湿答答的，放少了又会蒸得太干。我会把泡过水的糯米

和花生米先沥干水，放到碗里之后加入大约糯米分量的 4/5 的水，也就是说水是比糯米少的，上沸腾的蒸锅旺火蒸半小时左右。

蒸糯米饭的过程中要打开锅盖两三次，把糯米饭拌一拌，也可以让糯米饭蒸得更均匀。

③ 炒配菜

炒配菜有两个目的，一是让配菜中的虾米、花菇、蒜末更香，二是可以让糯米饭里面有一点油脂，味道更好。

锅里放 1~2 瓷勺的色拉油，中火烧热之后依次放入蒜末、虾米丁，炒香后再加入鸡肉块和花菇丁一起炒匀，加盐、白胡椒粉、老抽和生抽调味。如下图：

炒到这个状态，颜色会略微有点儿深。不需要完全炒熟，主要是为了把配菜的香气炒出来。

调味后的配菜可能会略微有点儿咸，没关系，在混合了糯米饭之后咸度就刚好了。

④ 拌糯米饭

拌糯米饭一定要趁热，糯米一凉就不容易入味了，这一步是很多人做糯米类菜式时容易忽视的地方。拌匀后的糯米饭颜色均匀，湿度也刚刚好。

⑤ 泡荷叶

拌糯米饭的同时烧一锅水，水沸后马上关火，把干荷叶放入水中浸泡几秒钟，待荷叶完全浸透变得柔软好折叠而且散发出荷叶的香气就可以用了。

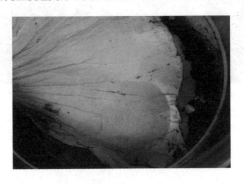

⑥　蒸糯米鸡

把拌匀的糯米放置在浸软的荷叶中间,整理成方形。糯米饭不要放太多,容易包不住。在折叠荷叶的时候动作要轻柔,最后把收口朝下,放入沸腾的蒸锅里中火再蒸 15 分钟左右就可以了。

糯米鸡做起来不难,但每一步都略微有些费时间,提前做好时间规划很重要。建议提前一晚泡发干花菇和糯米,早上九、十点的时候把花生和干虾米浸泡半小时左右,然后蒸糯米饭,糯米饭蒸到一半的时候可以准备炒配菜,这样就不太浪费时间,午餐可以准时开饭啦。

［附］人气甜品

杏仁豆腐：用三种杏仁，有超浓郁的杏仁味儿

　　我一直对各种杏仁味的甜品有种很复杂的情感。每次听名字都觉得应该很好吃！杏仁豆腐、杏仁茶什么的，听起来就甜甜香香的。可是真正入口时又总是有点儿失望，要么太苦，要么根本吃不出杏仁的味道，寡淡如水……

　　去年在北京一家日料店里吃到了目前我最喜欢的一款杏仁豆腐，很合我个人口味。既能吃到浓郁的杏仁味儿，又完全不会苦，质地足够滑嫩，吃起来奶香突出。软磨硬泡、死缠烂打地跟主厨要来了配方（期间起码去吃了三次饭混脸熟！），试验之后发现非常简单易行。写下来作为这本书的彩蛋，因为这确实是一道老少咸宜的甜品呢！

原料：

1. 全脂牛奶 200 克

2. 淡奶油 100 克

3. 南北杏 20 克，南杏和北杏的比例为 4：1

4. 烘焙用杏仁粉 10 克

5. 细砂糖 20 克

6. 泡软的鱼胶片 1 片，约 10 克

7. 如果想让它更出彩，请再准备几颗美国大杏仁（扁桃仁），或大杏仁碎

步骤：

① 泡杏仁

把新鲜杏仁略微捏碎，然后泡入牛奶中，盖上保鲜膜放入冰箱过夜。这样处理过的牛奶，能够浸透杏仁的味道，我有点忍不住很想喝几口，你可以尝尝。把所有的原料都融入"杏仁"的风味，是这道杏仁豆腐吸引人的重要原因，这些处理原料的细节我特别喜欢。

② 煮杏仁浆

泡过杏仁的牛奶放入搅拌机中打碎，然后过滤掉多余的渣滓，和淡奶油、杏仁粉、糖、鱼胶片一起放入小奶锅中，用最小火把混合的液体煮到温热，鱼胶片刚刚化开就可以了，千万不要煮太久，也无需把牛奶煮沸。

原料中的糖、淡奶油分量你当然可以随意变换，尤其是淡奶油和糖的比例，按自己口味多调整几次就好。主厨给我的配方比例其实是 1000 毫升牛奶、20 颗新鲜杏仁、500 毫升淡奶油、12 克鱼胶粉、20 克杏仁粉、90 克糖，我在店里吃也觉得非常美味。

没有烘焙经验的人要注意，鱼胶粉和鱼胶片的比例不能直接等同，参考其中一种比例来用。如果使用的容器比较大，鱼胶粉或鱼胶片要用得再多一点，否则不容易凝固。另外也可以根据自己的口味来调整鱼胶粉或鱼胶片的分量，用量多一点，成品杏仁豆腐的质地就会更"硬挺"一点。

煮好的杏仁豆腐半成品倒入碗里晾凉，我会顺便把表面的泡沫撇干净（其实就是舀出来吃掉），这样成品可以获得一个更光滑的镜面。

③ 凝固

    凉透的杏仁豆腐盖上保鲜膜，放到冰箱冷藏凝固。

④ 打杏仁粉

    在准备吃凝固好的杏仁豆腐之前，这一步非常重要。把美国大杏仁或杏仁碎放到煎锅里烘到微黄，烘出香味，然后用料理机打碎或手工磨碎，撒到杏仁豆腐上。这着实是这道杏仁豆腐的亮点，泡过新鲜杏仁的牛奶、杏仁豆腐里的杏仁粉和撒在表面的烘香了的杏仁碎，杏仁的味道完全贯穿其中，又有着不同的质地和口感，非常美妙！

万能吃货们的评论:

把杏仁替换成花生、核桃什么的，是不是就同理可得花生豆腐、核桃豆腐了?

@Joanna

光是听到杏仁这个词，就觉得会好暖好好吃的样子。

@大米